|家|庭|学|丛|书|

丛书主编 孙晓梅 李明舜

家庭情绪管理

金铉春 著

Family Studies

武汉大学出版社

图书在版编目(CIP)数据

家庭情绪管理/金铉春著.—武汉：武汉大学出版社,2020.12
家庭学丛书/孙晓梅,李明舜主编
ISBN 978-7-307-21883-3

Ⅰ.家… Ⅱ.金… Ⅲ.情绪—自我控制—儿童教育—家庭教育—研究 Ⅳ.①B842.6 ②G78

中国版本图书馆 CIP 数据核字(2020)第 214293 号

责任编辑：田红恩　　责任校对：汪欣怡　　版式设计：马　佳

出版发行：武汉大学出版社　（430072　武昌　珞珈山）
（电子邮箱：cbs22@whu.edu.cn　网址：www.wdp.com.cn）
印刷：广东虎彩云印刷有限公司
开本：720×1000　1/16　印张：12.25　字数：213 千字　插页：1
版次：2020 年 12 月第 1 版　　2020 年 12 月第 1 次印刷
ISBN 978-7-307-21883-3　　定价：45.00 元

版权所有，不得翻印；凡购我社的图书，如有质量问题，请与当地图书销售部门联系调换。

序

家庭学科是研究以家庭为中心的生活方式及其表现形式的交叉学科，融合了家庭育儿、衣食住行、家庭关系和生活技术在内的综合知识，目的是提高国民的家庭生活质量，为家庭全体成员提供科学的生活指引。

家庭学科的教学已有四百多年的历史了。近代家政学起源于美国，在美国城市化、工业化以及大量移民涌入的背景下，受过高等教育的专家开始将目光转向家庭生活领域。"二战"后，日本在大学设立家政学或生活科学系，规定从小学到大学的男女生都必须学习家庭学科。开设家庭管理、房屋布置、家庭关系、婚姻教育、家庭卫生、婴儿教育、食物营养、园艺、家庭工艺、饲养等课程。1923年美国在中国燕京大学设立了家政系，强调家事教育是高等教育的一部分。1940年金陵女子大学家政教育专业成立，注重家庭管理与家庭经济，注重食物营养与卫生。1949年以后中国的家政学消失，改革开放后才开始恢复。目前我国有关家庭学科研究的成果主要体现在家庭教育和家庭服务领域。

家庭学科的特点：典型的交叉学科，围绕着家庭生活质量的提高，将多种学科知识聚焦于家庭这个领域，跨学科的视角有助于带动新知识的发现和推广应用。从多个相关学科汲取知识，如教育学、心理学、社会学、营养学、经济学、医学、金融学、工学、艺术、文学等，分析夫妻的生活与健康、老年人的身心发展特点、儿童的保育方法与安全事项、家庭的权利与福利保护；探讨当前家庭面临的问题，如推迟结婚、生育率下降、离婚率提高、儿童受虐待、独生子女、留守儿童、妇幼保健、失独家庭和家庭暴力等，形成以家庭为中心的多学科交叉知识体系。这种知识建构方式带来的是原有知识融合和新知识生成，而非简单的知识罗列，这也是家庭学科存在的独特价值。建设我国的家庭学科，提高家庭学科的社会认知程度。

相对于许多西方国家，我国家庭学科教育起步晚，出版《家庭学丛书》可建立一个比较完整的家庭学科体系，弥补我国在家庭生活理念、思维方式与科学知识传递的缺位状态。为了中国家庭学科的建设与发展，2013年中华女子学院成立了"中国高校家庭学科的建立与发展研究"重点课题组，以家庭学科课程建设研究为重点，探索各种课程体系。2014年组建了全校范围内跨学科的科研团队，老师的学术背景涵盖女性学、学前教育、金融、法律、社会工作、音乐、服装、传播学、艺术、体育和建筑等领域，全校各教学领域的老师以性别发展模块博雅课程的方式向学生们讲授家庭学科的知识。2015年成立中华女子学院家庭学科研究中心，围绕"中国家庭学科的建立与发展"课题，举办了首届中国家庭学科研讨会；撰写中国家庭教育专业简明教程、大纲和教案、课程进度表等。2017年召开了第二届家庭学科研讨会，联合全国各大学研究家庭学科的专家和教师，对家庭学科的主要内容进行了科学分析，开始准备出版《家庭学丛书》。2017年中华女子学院家庭学科研究中心启动北京市社会科学基金的"基于国民家庭生活指导的家庭学科建设研究"项目（编号：17JYB010）。2018年开始论证家庭学专业在中华女子学院建立的必要性，建立家庭学科网络体系，召开第三届中国家庭学科研讨会。2019年1月成立中华女子学院家庭建设研究院，12月召开首届新时代家庭建设论坛暨第四届中国家庭学科研讨会。对家庭文明、家庭教育、家庭服务、家庭研究等与家庭相关的重点社会议题进行深入探讨。2020年3月家庭建设研究院针对新冠疫情，进行"从SARS到COVID-19，家庭建设的对策研究"，涉及家庭伦理、家庭教育、家庭卫生、家庭健康、家庭消费、家庭养老、家庭营养和食育、家庭工作等诸多领域。

目前参与《家庭学丛书》编写的有三十多名学者和专家，计划出版的家庭学科专著有25部，这些书籍将以崭新的思维构想向读者展现。《家庭学丛书》的内容包括：婚姻的基础、家庭关系、家庭伦理道德、家庭中的儿童成长、家庭中的性教育、家庭与法律、家庭的礼仪、家庭的健康管理、家庭居住与环境、家庭服饰文化、家庭食品营养、家庭理财与消费、家庭中的老年人照顾、家庭中的男性角色等。

《家庭学丛书》是促进家庭和睦构建和谐社会的需要。人的一生有三分之二的时间是在家里度过，家庭是生活幸福的关键，人们掌握了家庭学科的知识，会促进社会有序和谐地发展。从家庭科学兴起和发展的历史来看，男女两性掌握家庭学科的知识，男女平等基本国策方能落到实处。丛书为家庭工作理论收集了丰富的资料。

《家庭学丛书》将深刻的道德教育寓于熟悉的现实生活，以最具体的方式教学做人，学做事。一个人一辈子离不开家庭，家庭知识伴随人们的一生。进行各个家庭发展阶段的教育指导，使人民树立正确的家庭责任观，培养家庭成员良好的生活习惯，指导儿童合理规划生活和学习，使家庭生活健康发展。丛书为社区家长学校提供良好的教材。

《家庭学丛书》有利于完善中华优秀传统文化。研究家庭美德：尊老爱幼、男女平等，夫妻和睦、勤俭持家、邻里团结；研究家庭文明：建设良好的家教、家风、家训。家庭知识贯穿每个人的一生，家庭是育人的起点，是德育教育的第一课堂，家庭学科的传播是最重要的教育之一，也是立德树人的标志。家庭和睦则社会安定，家庭幸福则社会祥和，家庭文明则社会文明。丛书为创建中国家庭学科专业奠定了坚实的基础。

孙晓梅

2020 年 4 月 16 日

目 录

第一章　绪论 … 1

第一节　什么是家庭情绪管理学 … 2
一、家庭情绪管理学的概念 … 2
二、家庭情绪管理学的发展 … 3
三、家庭情绪管理学与其他学科的关系 … 6

第二节　家庭情绪的构成 … 7
一、情绪的构成 … 7
二、家庭的构成与家庭情绪 … 8
三、家庭角色对家庭情绪的影响 … 10

第二章　个体情绪的形成与发展 … 13

第一节　幼儿情绪的发展顺序 … 13
一、情绪的发生与分化 … 13
二、识别和理解他人情绪 … 15
三、情绪的早期社会性发展 … 18
四、自我意识情绪的发展 … 20

第二节　遗传与亲子关系的影响 … 21
一、遗传与气质对情绪的影响 … 21
二、亲子依恋对情绪的影响 … 25

第三节　情绪调节的社会化形成 … 31
一、情绪自我调节策略的出现 … 31
二、情绪表达规则的习得 … 33
三、情绪的社会能力 … 34

第四节　青少年的情绪发展 … 36
一、青少年情绪的特点 … 36

二、青少年自我意识的发展 ··· 38
　　三、大脑发育对青少年情绪控制能力的影响 ························· 40
　　四、家庭环境对青少年焦虑情绪的影响 ································· 42
　　五、青少年情绪管理的意义 ··· 43
　　六、青少年的亲子教育 ·· 43
第五节　影响情绪形成的因素 ··· 46
　　一、语言表达能力对情绪的影响 ·· 46
　　二、意志力与身体健康对情绪的影响 ··································· 53
　　三、生活应对能力对情绪的影响 ·· 55
　　四、人际情感互动对情绪的影响 ·· 57

第三章　家族文化传统与情绪策略 ·· 60
第一节　中国传统家族文化 ·· 60
　　一、"文化"的核心要素 ··· 60
　　二、家庭文化的内涵与作用 ··· 61
　　三、中国传统家族文化的特征 ··· 62
第二节　家族文化对情绪策略的影响 ·· 68
　　一、家族文化与情绪 ··· 68
　　二、家族记忆与代际遗传 ·· 71
　　三、代际遗传与意象疗愈 ·· 72
第三节　家庭文化形成规则 ·· 74
　　一、家庭角色定位与分工 ·· 74
　　二、家庭角色与家庭成员的感受 ·· 78
　　三、家庭序位对互动情绪的影响 ·· 80
　　四、隔代育儿家庭的序位 ·· 84

第四章　家庭情绪与管理方法 ··· 86
第一节　父母元情绪理念的类型和对孩子的影响 ························· 86
　　一、父母元情绪理念的概念与类型 ······································· 86
　　二、父母元情绪理念对孩子情绪习惯的影响 ························ 88
　　三、父母情绪表达对孩子情绪调节策略的影响 ····················· 89
　　四、父母情感关系状态对孩子情绪习惯的影响 ····················· 90

第二节　家庭情绪的核心影响力——夫妻关系 …… 90
一、夫妻关系及感情基础对家庭情绪的影响 …… 90
二、情绪习惯与婚姻关系 …… 96
三、外遇对家庭情绪的影响 …… 98
四、婆媳关系对家庭情绪的影响 …… 102
五、家庭中情绪的负面情绪宣泄 …… 104

第三节　家庭成员自我情绪调节理论与方法 …… 105
一、精神分析理论 …… 105
二、情绪分析与自我分析方法 …… 112
三、情绪理论与情绪的调节方法 …… 129
四、自我暗示理论与情绪调节法 …… 138

第四节　家庭情绪管理方法 …… 141
一、家庭治疗的相关理论 …… 141
二、家庭成员个体与原生家庭的情绪管理 …… 144
三、家庭成员个体与配偶的情绪管理 …… 146
四、家庭成员个体与下一代的情绪管理 …… 149
五、家庭中老年人的情绪管理 …… 161

第五节　家庭与非家庭环境人情绪场域的管理 …… 163
一、环境与人际互动理论 …… 163
二、个体与人际情绪场域的能量 …… 168
三、他人情绪能量场对个体的影响 …… 169
四、场域能量对人情绪的作用 …… 170
五、管理情绪场域——遵守心理与环境的平衡法则 …… 171

第一章 绪 论

家庭是我们成长和治愈伤痛的主要系统,亦是我们情绪问题的主要来源。

——维吉尼亚·萨提亚

家庭是人生命的起点。在家庭中,从生命之初,人开始认识周围的世界。在这个过程中,父母或抚养者如何引导新生命成长,将会影响到新生命对这个世界的态度。虽然,对新生命而言,除了家庭环境也还会受到其他社会环境的影响,但是由于家庭是人生命早期最赖以生存的地方,所以家庭成员对人的影响远远高于其他人所带来的影响,如早期人格的形成、对世界的基本态度等都是在家庭环境中培养起来的。人的情绪习惯是生命对环境态度的外在体现,而人的情绪习惯则受父母或抚养者的影响最大,一方面的影响来自遗传,另一方面是受在最初的生命成长环境中所习得的态度与能力的影响,这种影响会跟随人的一生。

儿童是一个国家和民族的未来,所以教育界一直在强调儿童早期教育的重要性,对儿童的保护和教育普遍受到各国的高度重视。儿童是未来的成人,事实证明成人的许多不良行为和与行为有关的疾病,多是在儿童时期就已经开始出现。而人很多的心理与行为问题都以情绪问题的出现为开端,所以对情绪的管理意识,也正是对人心理健康的关注。家庭环境对人情绪的影响是我们必须重视的教育环节。

习近平总书记曾强调:"家庭是社会的基本细胞,是人生的第一所学校。"① 在第一所学校中所学到的东西,对人的一生都起着举足轻重的作用。我国对家庭教育的作用越来越重视,这是心理学不断深入生活的一种表现。同时人们对人格发展的影响因素越来越看重,家庭教育中需要关注的各方面因素

---

① 翟博:《上好家庭教育"第一课"》,人民日报,2016年10月21日。

也在不断增加，这对提升儿童教育的科学性起着推波助澜的作用。

情绪状态常常是心理状态的外在表现，所以，我们在关注孩子情绪习惯的形成时，也将会更早地发现孩子是否存在心理问题，以便及早地加以调整，避免对孩子的未来产生更大影响。虽然家庭教育也一直在强调父母的情绪表达对孩子所产生的影响力，但是却没有专门的学科来让人们了解如何在家庭之中管理好自己的情绪状态，所以，为了建立更好的家庭情绪管理意识，我整理了与家庭情绪相关的内容，并结合在心理咨询工作中的家庭咨询经验，推广家庭情绪管理学，让这门学科普及开，不仅可以引起人们对家庭情绪氛围的重视，同时也可以让人们从这门学科中学到有效的家庭情绪管理方法。

家庭情绪管理学是家庭教育学和心理学的交叉学科，不仅包括儿童的情绪发展规律，同时也包括成人自我情绪觉察及管理的内容。只是，本学科更重视家庭成员之间的互动心理过程，其中涵盖了发展心理学、人格心理学及社会心理学的相关内容。由于是在家庭之中的互动，更多地会针对父母与孩子互动中的心理过程，以及与情绪相关的家庭教育，因此，也包含家庭教育的相关内容。

第一节　什么是家庭情绪管理学

一、家庭情绪管理学的概念

家庭情绪管理，就是在家庭互动当中的情绪管理。那么，什么是家庭呢？

从家庭教育学的角度对家庭的定义："家庭是一种特殊的社会生活组织形式。家庭是以婚姻为基础、以血缘为纽带而形成的社会生活的基本单位，是社会最微小的细胞。"① 也就是说家庭是社会最基础的组织群体。

而从社会性和人格发展的角度看家庭，更重视家庭的功能。"家庭不仅具有延续家庭血缘的功能，更重要的功能是培育后代使其社会化。社会化是指儿童获得与环境互动所需要的生活技能、文化知识、价值观、社会行为规范的过程。"这里强调的是家庭在人的人格成长过程中所起到的社会化的作用。家庭在对儿童进行社会化教育方面，要早于其他社会机构。给家庭的定义是："因

---

① 赵忠心：《家庭教育学》，人民教育出版社 2015 年版。

血缘、婚姻、收养或自愿选择而产生联系的两个或两个以上的个体，他们存在情感的纽带，并对彼此负有一定责任。"①

在家庭之中，每一个人都受家庭角色和责任的制约，每一个家庭成员都属于家庭这个组织群体，相互之间的情绪状态彼此影响，而这种互动影响，也在影响着个体对自己及他人评价，同时也影响着每一个家庭成员的心理感受，如个体是否从中可以体会到归属感，是否感觉幸福等。

家庭情绪管理学的研究对象是以家庭为单位的家庭成员的情绪习惯对家庭整体情绪氛围的影响，并从家庭成员的互动过程中找出影响情绪习惯形成的重要因素，揭示个体人格形成过程中情绪习惯的社会性发展规律。

家庭情绪状态，并非是家庭成员个体情绪状态之和，而是家庭成员之间个体情绪状态相互影响后的整体情绪氛围，也就是家庭成员在家庭气氛之中所体验到的情绪状态，比如是愉快轻松的，还是压抑沉重的，或是恐惧不安的等。在一个家庭之中，家庭的情绪状态常常取决于父母的情绪状态，父母在家庭中的情绪状态及表达情绪的方式，会成为孩子模仿的对象，并会以认同的父母情绪表达习惯而去领会他人情绪表达的含义，也就是说孩子会不自觉地以父母的情绪表达习惯为依据，以此去理解其他人情绪表达的动机和内涵。所以，父母的情绪状态不仅会对整体的家庭氛围起着主导的作用，而且也会影响到孩子的情绪表达习惯及对他人情绪表达习惯的理解，从这个角度来看，家庭情绪管理不仅可以让家庭成员受益，同时也会对孩子的成长产生深远的影响。

家庭情绪管理也是家庭成员之间的互动情绪管理，以达到建立良好家庭关系的目的，同时也将提升家庭成员整体的愉快度和幸福感。所以，家庭情绪管理学是一门以研究家庭成员如何管理好在家庭之中与其他成员之间互动情绪状态的学科。

二、家庭情绪管理学的发展

家庭情绪管理学，是基于发展心理学、情绪心理学、家庭教育学和家族文化等内容而设立的学科，它缘起于"中国家庭学科研讨会"。中华女子学院孙晓梅教授为了更好地宣传和推广中国家庭学科建设，于2015年11月20日主导发起，并由中华女子学院主办的"首届中国家庭学科研讨会"在京召开，

---

① ［美］戴维·谢弗：《社会性与人格发展》，陈会昌等译，人民邮电出版社2006年版。

毋庸置疑这将对提高中国整体的家庭管理意识具有开创性意义。因我对家庭教育的关注，并一直在做家庭教育方面的培训，有幸参加了2017年12月16日在中华女子学院举办的"第二届中国家庭学科研讨会"，并在会上提出设立"家庭情绪管理学"这一独立学科。该学科是每个家庭都急需了解的学科，希望能够得到社会的关注，让家庭教育的有效性得到进一步的提高。

同年9月12日又应全国妇联家庭教育指导师培训组的邀请，为学员们进行了家庭情绪管理方法的培训并受到好评。学员们反馈此次培训对他们的实际工作具有重要意义，同时一些身为家长的学员们反馈对他们维护家庭气氛和谐提供了切实可行的方法，虽然培训内容只是学科内容中的一小部分，但是受欢迎程度已说明此学科创立的必要性。家庭情绪管理学对一个家庭的重要性不仅影响到家庭整体氛围是否和谐，同时也影响到每一个个体的自我心理成熟度，可以说对整体社会的心理健康起到了提升的作用。

虽然家庭情绪管理学是一门新兴学科，初始于对父母元情绪理念对子女情绪习惯形成的影响研究。但如果追根溯源，其最早的形式应是古人流传下来的家训。如颜之推《颜氏家训·教子篇》中所写内容都与家庭情绪状态相关，"当及婴稚，识人颜色，知人喜怒，便加教诲，使为则为，使止则止，比及数岁，可省笞罚。父母威严而有慈，则子女畏慎而生孝矣"。"骄慢已习，方复制之，捶挞至死而无威，忿怒日隆而增怨，逮于成长，终为败德。"①这说明古人通过对道理的阐释，以达到令家庭成员管理好自己情绪的目的。

然而，中国古代并没有设立过专门的情绪管理学或心理学，因为中国古人更在意身体与心灵之间的关系，也就是说把情绪视为身体对心灵的影响，会以身体状态入手去改善情绪状态。中医一直把自然的季节变化和人体心灵视为一体，所以，中医善于治疗情志方面的疾病，中医认为，如果人体五脏六腑功能良好，那么，人就不容易出现精神上的疾病。《黄帝内经·素问·阴阳应象大论》："人有五脏化五气，以生喜怒悲忧恐。"这明确说明了心理与生理的关系，即先有作为生理基础的五脏，然后才有喜怒悲忧恐情志的活动，人的心理

---

① 译："该在孩子已成幼儿，能看懂大人的脸色、知道大人的喜怒时，对他进行教育，做到大人允许他做才做，不允许他做就立刻停止。这样等孩子长到几岁大时，就不必对他使用笞杖的惩罚了。父母-威严而又慈爱，子女就会敬畏谨慎，从而产生孝心。""孩子骄横傲慢的习性已经养成，才想到要去管束制约，就算把他们鞭抽棍打致死，也难以再树立父母的威信，父母的愤怒导致子女的怨恨之情日益加深，等到孩子长大成人，终究会成为道德败坏之人。"檀作文译注：《颜氏家训》，中华书局，2016。

是生理活动的结果，生理机制是心理活动的前提条件和基础。《灵枢·本脏篇》："志意者，所以御精神，收魂魄，适寒温，和喜怒者也。"可见古人非常重视人与自然环境的协调一致，古人认为，当人的身体健康时，心理也容易保持健康状态。从做人的角度而言，中国千年以来的古文明，对人的教导也比较全面。从忠孝到臣轨，再到弟子规，这些都是在提升人待人处事的能力。古人认为以做人为本，把人做好了情绪也就不会出现过激的现象。这也是"修身齐家治国平天下"的真正涵义。

中国古人对情绪把控能力也看得比较重要，委以重任时，会考虑到一个人的情绪自我管理能力。如苏洵①在《心术》中所写："为将之道，当先治心。泰山崩于前而色不变，麋鹿兴于左而目不瞬，然后可以制利害，可以待敌。"只有有能力把控好自己情绪状态的人才有能力带兵。《易经·系辞》里也说，"变动以利言，吉凶以情迁"，意思是利益驱动人的行为，而情绪变化带给人吉凶。"是故，爱恶相攻而吉凶生，远近相取而悔吝生，情伪相感而利害生。"这体现了古人对人的情绪状态所引来的利害关系非常关注，从而我们可以了解到，中国人传统的情绪管理就是增加对人生哲理的体悟，以通情达理的态度对待事与人，这必然会减少很多没有必要的负面情绪表现。情绪是一个人为人之道的外在体现，自身修养越好，把控情绪的能力也就越强。

由于中国古文化已渐渐被现代文化所取代，而简体字的出现再一次把古文与现代生活的距离拉开，之后情绪调节策略方面的内容一直受西方文化的影响，尤其是心理学方面的影响，因为翻译的著作大多简明易懂，并且更重视实验的科学性，所以，人们逐渐放弃了传统文化在情绪方面的教诲，而以西方医学和心理学为情绪治疗的主要方法。在现今的相关理论中，父母的元认知理念对幼儿的影响应是家庭情绪管理学的基础理论之一。元情绪理念是指影响人的情绪反应的固定思维习惯，是一套与情绪记忆相关的认知及行为反应模式。其中包括个体的自我评价系统、人际观念、人生观和价值观。而父母面对幼儿的情绪行为时，父母元情绪理念便会被启动，以自己固有的认知模式去理解幼儿情绪行为的目的与需求，并且会以自己的价值观去评价孩子的情绪表现，然后引导孩子如何处理情绪事件。黄梅琪采用质性研究，通过观察、访谈，分析得出儿童的情绪处理方式主要来自于对自己父母（尤其是母亲）的学习和模仿，

---

① 苏洵（1009年5月22日—1066年5月21日），字明允，自号老泉。北宋文学家，与其子苏轼、苏辙并以文学著称于世，世称"三苏"，均被列入"唐宋八大家"。

如果父母能建构积极的父母元情绪理念,则子女的情绪适应能力会更加健康。这些都说明了父母情绪状态对孩子情绪状态及情绪习惯的形成起到了非常重要的影响作用。

还有人的社会性发展理论,也都从不同的方面阐明了家庭对人情绪习惯的培养会影响到人的人格发展,并详细说明了父母的情绪对婴儿情绪习惯形成的影响力。这些在后面的章节中将会详细介绍。

个体情绪管理也将是家庭情绪管理的一部分内容,也是比较重要的内容,这关系到家庭成员个体的自我情绪管理,只有个体能够管理好自身的情绪,才有可能更好地与其他成员互动,建立更好的家庭情绪氛围。同时,也将引入对家庭互动情绪有所影响的相关理论,如萨提亚家庭治疗相关理论,以及心理场理论等,都将成为家庭情绪管理学的基础理论。

综上所述,家庭情绪管理学是一门非常必要的学科,也是当今家庭教育工作中重要的相关学科,虽然目前整体理论还不够完善,但正如其他理论的发展一样,都将在未来的研究中不断被完善起来。

三、家庭情绪管理学与其他学科的关系

(一) 家庭情绪管理学与情绪心理学

情绪心理学,主要是以研究与情绪相关的学科,内容比较广泛,包括情绪的生理机制,文化对情绪的影响,情绪的分类,情绪的社会功能,情绪在经济行为中的角色,同时也包括情绪的产生过程及调节方法等。而家庭情绪管理学主要针对的是家庭这一范围,包括了一部分情绪心理学的内容,但是又不单纯属于情绪心理学,因为涉及婴儿最初情绪的形成、家庭成员之间的互动情绪影响,以及家庭结构和家庭角色在情绪管理中的作用。家庭情绪管理学的范围仅限于家庭中的互动情绪影响,其中涉及更多的是家庭成员之间的互动,以及元情绪的形成及影响。

(二) 家庭情绪管理学与家庭教育学

家庭情绪管理学也涉及了家庭教育学的部分内容,但是,其内容更多地体验了人的心理发展规律,所以,又不完全属于家庭教育学。

"家庭教育是在父母和子女、年长者和年幼者之间进行的一种教育,双方是一种特殊的关系,这种教育又是一种特殊的社会行为。"[①] 家庭教育学属于

---

① 赵忠心:《家庭教育学》,人民教育出版社2001年版。

教育学的一个分支，主要是针对家长在对孩子进行教育方面的内容。其中更多体现了家长对孩子的影响，以及家庭环境等对孩子的影响，虽然也涉及家长态度对孩子成长的影响，但是，并非从心理发展的角度去阐述与说明。所以，家庭情绪管理学虽然与家庭教育学的研究对象是相同的，但是任务和内容却是不同的。家庭情绪管理学的重点不在教育，而在情绪的管理上，更多地揭示了家庭成员之间互动过程中情绪的发展规律，同时也以相关的心理学为基础，所以，它并不属于家庭教育学。

第二节　家庭情绪的构成

一、情绪的构成

首先，我们需要了解情绪的构成。情绪的产生有着其生理的基础，也是一系列神经系统与机体相互配合的反应，而对个体的体验来说，情绪是一种对外界刺激的反应，这种反应中也包括了一个人认知能力所起的作用。同时，随着人机体的感知觉的发展，语言表达能力的提高，自我意识及自我概念的形成等，都会影响到个体的情绪体验及情绪反应习惯。其中，情绪与人的内部对话有着重要的联系，尤其是与评价性的内部对话有关，在这些内部对话中，人对外界的认知及经历体验起着重要作用。

情绪状态的产生是复杂的，在情绪产生的过程中，生理反应大部分是一种机体的自动化反应，很难被人觉察。同时人的情绪也被人的生活经验所影响。一般情况下，人的情绪由以下内容构成：

第一，事件所引发的感受。个体情绪常被其所处的环境中的人或事件所唤起，并随着情境的变化而产生变化。

第二，相关的生理反应。当个体处于对外界的应激反应时，人相应的机体功能（如植物神经系统等）也会随之产生变化。

第三，人的认知习惯和关注对象。个体的生存经验，会影响个体在什么时候产生什么样的情绪体验，也就是经验会对个体主观情绪体验产生影响。如在山上游玩原本比较快乐，但是，当有人说山中会有吃人的猛兽出现时，人的快乐情绪就会转变为对将有意外发生的恐惧情绪。

第四，人的欲望和需求。人的欲望与需求是否可以得到满足也将直接影响到情绪的产生与变化。

第五，自我价值感（被需要感）。人在与人互动时，自我价值感也会影响到情绪的产生，正如被认可为成功者的人，做事会更有动力，产生积极情绪的几率会比较高，而常被标签为无能者的人，产生负面情绪的几率会更高。

这些成分在情绪产生的过程中起着重要的作用，随着人体的发展，人的认知能力会不断提高，受认知的影响会越来越大。在婴儿期，情绪的产生更多地会来自于与生理相关的感知觉，而随着人的认知功能的发展和经验的不断积累，人的情绪反应更多地会受到认知能力的影响，这也就是为什么阅历丰富的人，相对会选择更有效及稳定的情绪调节策略，而知识丰富的人更容易内省，更关注自己情绪对自身及他人的影响。

二、家庭的构成与家庭情绪

家庭单元的基本成员包括：父母和孩子。按照自古以来的传统，没有孩子的家庭是不完整的家庭。家庭系统包括：夫妻关系、母子（女）关系和父子（女）关系、子女之间的关系（兄弟关系、兄妹关系、姐弟关系、姐妹关系）。

家庭情绪是家庭成员之间互动时的习惯性情绪状态，也可以说家庭情绪就是指一个家庭的整体情绪习惯所建造的一贯性家庭情绪氛围和家庭成员所感受到并受其影响的情绪状态。在家庭之中常常会有某一位成员的情绪状态影响到整体的家庭情绪氛围，这位成员的情绪习惯会对家庭整体的情绪状态起到决定性的作用，这个人就可以称之为家庭情绪的主导成员。为何要讨论谁是家庭情绪主导成员呢？因为家庭情绪主导成员将成为家庭情绪管理中主要的管理者。家庭情绪的主导者如果是一位情绪相对稳定并且具备一定情绪调节能力的人，将会把握家庭的情绪调节策略方向，使整体的家庭情绪趋于相对稳定，这是一个家庭情绪管理的良好状态。但是，有些家庭却会以一位情绪极为不稳定的成员作为家庭情绪主导成员，那么，这个家庭必将因此出现家庭情绪紊乱，家庭成员之间情感链接也会随之出现障碍，令整体家庭成员之间的互动无序，沟通也常常以无效演变成冲突，形成一系列家庭矛盾，这种现象被称之为家庭情绪管理错位，也就是把家庭情绪主导权交给错误的人。以家庭教育个案为例：

案例1：女孩，初二，母亲因其过分注意外表前来咨询。父母与孩子一同前来。

经过咨询了解，女孩的表现属于正常范围，她只是比小学时候更在意穿着打扮，而且打扮得比较得体，也具备一定的审美意识。父亲对孩子比较理解，而母亲担心孩子因早恋而对穿着过分关注，所以一直心情不好，父亲为了让母亲能够客观看待孩子的行为表现，提出进行心理咨询。女孩讲述，父亲在家时，家里气氛会比较好，母亲比较听父亲的话，所以父亲在家不会有大的家庭矛盾发生。而她自己平日与母亲的沟通也相对还好，只是这一次母亲一直误会她早恋，感觉很委屈，所以会因为母亲反对自己穿什么衣服而发火，引发了一次较严重的冲突，事后自己也不愿意与母亲说话。当父亲回家后，觉得母亲情绪很不好，不太好说服，所以，父亲建议一起前来咨询。咨询后，母亲表示接纳孩子成长中的行为表现，以后减少对孩子个人生活的关注，只要孩子没有太大的情绪波动，或过分的行为举动（如夜不归宿等），就给孩子自主生活的自由。

这个案例中家庭情绪的主导者是父亲，由于父亲的情绪相对稳定以及对事情的处理方式也相对成熟，所以，遇到问题容易选择以正确的方式去解决，这样就不会引发更持久的家庭冲突及不良家庭情绪。

案例2：女孩，高一，父母因其离家出走前来咨询。父母与孩子一同前来。

经过咨询了解，女孩常与其他同学打架，并且有早恋的现象。父母的管教，孩子根本听不进去，父母难以接受孩子的特立独行，带孩子前来咨询。通过孩子的讲述，了解到在家里父亲都听母亲的，但是，母亲并不会因此而愉快，也常对父亲发脾气。虽然觉得母亲对自己很好，但是，母亲太容易发脾气，根本就不会听别人在说什么，只要她认为不对的事，就会大发雷霆，让人难以忍受，被母亲打是常有的事。最后一次，她因为逃课与同班同学出去玩，回来被父亲暴打，同时，母亲一直在不断责骂，觉得很悲哀，所以离家出走了。

虽然事出有因，但是，我们仍然能看出这个家庭的问题很严重，该母亲不仅存在情绪问题，也存在着较为严重的心理问题。经过阶段性咨询后，孩子和母亲的状态都有所好转，但是家庭沟通方面仍然无法达到正常的状态。

在这个案例中家庭情绪的主导者是母亲，由于母亲的情绪波动很大，并且对待生活问题的看法比较偏激，又比较固执（父亲反映母亲很难被他人影响，为了家庭平静就一切都听母亲的，以免产生冲突。），所以，整体的家庭气氛常处于压抑和不愉快之中，家庭矛盾持续不断。这体现了家庭情绪管理处于错位的状态，把家庭情绪的主导权交给了情绪波动最大的人。虽然是迫于无奈，但对整个家庭情绪的影响是负面的，并且也影响到了孩子的心理健康。

家庭情绪是由家庭成员的互动情绪习惯构成，家庭情绪是家庭成员互动时的情绪氛围整体的体现，也是家庭成员情绪习惯之间的协调性的体现。以前面的个案为例，案例1家庭的家庭情绪表现为相对和谐，而案例2家庭的家庭情绪表现为不和谐。

三、家庭角色对家庭情绪的影响

一个人的情绪习惯必然会受到成长过程中抚养者的影响，所以家庭角色与分工也将对家庭情绪状态产生影响。毕竟孩子的成长受家庭的影响最深，所以有人会说："父母的心智是孩子成长的土壤。"这话说得非常好，孩子人格的形成正是受着家庭氛围及家庭教育习惯的影响，而父母的心智决定着如何沟通、如何为人处世，遇到问题以什么态度进行处理与解决，这些看似很小的事情却会影响孩子的一生。孩子会把父母与他人的互动形式传承下来，虽然大部分的孩子都是无意识习得的，但是，身为父母的人都有体会，无论我们愿不愿意，这种传承都会让自己在新成立的家庭中得以延续。

一个独立的家庭单元中必然存在着三个基本角色：父亲、母亲和孩子。孩子的多少决定孩子角色感受的不同。如果是三世同堂的家庭，那么，就存在双重角色的责任问题。例如作为爸爸的人同时又存在儿子的角色，或者作为妈妈的人同时又存在女儿的角色，而作为爷爷奶奶或外祖母外祖父的同时，又存在爸爸或妈妈的角色。在这样的家庭中，如果分工不明确就容易出现责任问题，也就容易因相互的不理解而产生负面家庭情绪状态多于正面的家庭情绪状态，也就是说，从家庭情绪的角度来看二代的家庭要比三代的家庭更容易做好情绪的管理工作，因为在二代家庭中情绪主导者明确，容易以主导角色管理好自己和家庭成员互动时的情绪状态。在一个家庭角色定位与分工比较明确的家庭之中，家庭成员会知道什么时间应当由谁来出面调解家庭中出现的问题，这样就不容易出现长时间的负面情绪困扰。我们可以通过案例的对比了解家庭角色责任分工的必要性。

案例1：男孩11岁，因上学与老师顶嘴而被老师找家长。孩子的妈妈是个全职太太，平日都是由妈妈负责教导孩子。但是，孩子爸爸听说孩子在学校惹事后，认为孩子妈妈没有教育好孩子，没认真问孩子就打了孩子，孩子被打后不但没改，反而与老师顶嘴的次数越来越多，最后感觉没有办法了，才找心理咨询师咨询。

案例2：男孩10岁，因在学校打架被老师找家长。由于孩子爸爸平日时间比较自由，所以管孩子的事情就由爸爸负责。孩子妈妈认为爸爸对孩子管得太严格，但又不好介入，所以独自前来咨询。从她的描述中咨询师可以看出爸爸相对比较认真负责，虽然有时会有些情绪化，但主要的教育理念是正确的。孩子妈妈听了咨询师的分析，没有再介入爸爸对孩子的管教，后来跟追回访，孩子的改变很大，后面再没有出现因打架而被老师找家长的情况。

案例3：女孩8岁，因为学习成绩太差，前来咨询。爸爸妈妈还有姥爷都陪同孩子一起前来咨询。家庭是三代家庭，与外祖父一起同住（外祖母已去世）。孩子存在一定的情感交流障碍，看起来比同龄人心理发育滞后，自理能力很差。孩子妈妈感觉很无奈，有孩子之后一直与孩子姥爷住在一起，由于她白天上班，孩子就一直由姥爷接送，妈妈晚上回家看孩子写作业时，只要说孩子，孩子姥爷就会过来责备她。孩子几乎不听妈妈的话，孩子爸爸又经常出差没有时间管孩子，她也不好说自己爸爸不对，而且她爸爸本身脾气又不太好。孩子考试成绩太差被老师找家长，与丈夫说，丈夫建议一起来咨询心理咨询师，希望通过咨询让孩子姥爷明白教育孩子的重要性，同时也希望得到关于家庭教育方法上的建议。

从案例中我们可以感受到，案例1的家庭责任比较混乱，夫妻双方相互不信任，所以对待孩子的态度也不够理智，导致还没有弄清孩子问题之前就粗暴地处理，让孩子感受不到理解，不愿与父母说出自己的真实想法，错误地看待了自己言行的后果（认为同学们都会因自己敢与老师顶嘴而佩服自己），导致更多错误言行的出现。而案例2的家庭由于责任分工比较明确，所以当出现问题时，没有出现案例1的情况，而是及时求助了专业的帮助，使问题很快地得到了解决。所以，家庭角色定位与分工对家庭情绪管理来讲起着比较重要的作用。案例3由于孩子的母亲在双重角色中女儿的角色大于母亲的角色，所以，对孩子的教育完全插不上手，难以尽到做母亲的责任。

在家庭咨询的案例调整中显示出，健康情绪模式的家庭常常具有以下几个特点：

第一，夫妻之间相互尊重对方原有的生活方式，并以现有家庭为重，遇到问题，双方可以相互支持，共同讨论解决方法。

第二，作为妈妈具有关怀和爱的品质，能带给孩子温暖感；作为爸爸具有支持孩子和关爱孩子的能力，能带给孩子力量感。

第三，孩子可以感受到父母的爱与支持，与父母互动时懂得接受，同时又可以保持对父母的尊敬。

第四，有两个孩子以上的家庭中，孩子与孩子之间具有阶梯式的爱护与尊重。如大的爱护小的，小的尊敬大的。

如果一个家庭中夫妻之间不能相互尊重，情感不能从原生家庭中分离出来，就很难以恰当的方式去解决家庭出现的问题，对待孩子的教育也很难保持耐心，家庭的整体情绪状态就容易波动比较大。

思考题：
1. 你如何理解家庭情绪管理学？
2. 情绪由哪几部分构成？
3. 家庭角色与家庭情绪的关系是怎样的？
4. 你认为家庭情绪管理的意义是什么？

第二章 个体情绪的形成与发展

情绪是人心理活动的外在体现，也是人行为的内在原因。很多心理学家对情绪从生理、心理、社会、哲学、乃至历史的角度对情绪给出了定义，而现在所讨论的是与家庭情绪互动相关的内容，也就是通过本章的内容让读者了解到人的情绪习惯的产生与发展中主要的影响因素，以便更好地了解家庭情绪整体氛围的发生与发展。

第一节 幼儿情绪的发展顺序

一、情绪的发生与分化

情绪的发生应该是从生命孕育成熟后，有些资料显示婴儿在未出生前就已经能够感知母亲的情绪。但是，人的情绪应该是从人降生开始，才具备了生存的意义。

我国心理学家孟昭兰通过一些研究证明新生儿对外界的刺激都会产生一定的情绪反应，所以，情绪的发生是从人出生与外界接触后就已经开始了。最初的情绪与生理需要是否得到满足有着直接的关系，而人在反应情绪所表现出来的表情与行为，都属于人的基本情绪反应。这些基本情绪反应是人先天具有的能力，是人类进化和适应环境的产物，不需要经过后天的学习。也可以说是正常人体所具有的功能。所以，有些人会把新生儿的情绪反应称作"本能的情绪反应"或"原始的情绪反应"。

关于情绪的分化，有很多不同的理论。我国心理学家林传鼎基于其对儿童情绪表现的研究，认为新生儿会有两种完全可以分辨得清的情绪反应，即愉快与不愉快，二者都是与生理需要是否得到满足有关的表现。华生根据其对婴儿的观察，认为婴儿最初的情绪反应有三种：怕、爱和怒。而著名情绪心理学家伊扎德的研究表明，婴儿最初的情绪反应就已分化为五种，分别是吃惊、痛苦、厌恶、微笑和兴趣。我国陈帼眉等人认为学前儿童基本情绪的发展分为哭、笑和恐惧，这与华生的三种情绪反应有些相似，只是更为具体，并说明了不同时期各类情绪所反应的内容也会不同，随着年龄的增长，会更进一步分化。①

婴儿的情绪表达会通过面部表情的变化而体现出来，情绪的表达行为往往是一种自动的反应②，根据分化情绪理论，认为较大的婴儿、儿童会在与环境的互动过程中，学习到情绪的表达规则，如在什么样的情况下不能哭等。之后情绪的表达就不再是一种自动产生的反应，而是随着成长会出现并不总是符合他们真实情绪的面部表情。

戴维·谢弗在他的书中给出了关于快乐和消极情绪的发展顺序③："6-19周时，婴儿开始出现社会性微笑。3个月时，与向他们呈现的其他有趣、生动的玩偶相比，婴儿更可能对一个真人微笑。当3—6个月的婴儿愉快地看着微笑的或与之互动的看护者时，他们会逐渐地表现出脸颊上提、舒展的微笑，这被视为婴儿开始能够与一个陪伴者分享积极情感的标志。到六七个月的时候，婴儿会对家人表露最开心的微笑，面对来访的陌生人则会表现出焦虑而不是快乐。这时的婴儿通常会使用微笑和其他积极情感信号作为一种社交的表现，与家人分享快乐，或试图延续积极的互动。"

戴维·谢弗认为消极情绪会在6个月时逐渐变得强烈，这是因为婴儿的认知发展的结果，他们逐渐认识到自己具有了控制周围环境中的物体和人的可能性，当他们感觉到丧失控制时会表现出消极反应。在这一过程中，我们不应该忽视母亲与婴儿之间的互动对婴儿情绪的影响，在对猴子早期与母猴分离的实验中证实：当母亲抚摸、搂抱、摇晃婴儿时，会产生的触觉和运动刺激，这些是婴儿的愉快情绪中枢系统发育的条件。如果长期缺乏这种亲密行为对婴儿的刺激，就会导致情绪中枢发育不良，儿童情绪情感的发展就会出现障碍。所以，在婴儿早期亲子互动对婴儿情绪情感的发展具有至关重要的作用。

---

① 陈帼眉、冯晓霞、庞丽娟：《学前儿童发展心理学》，北京师范大学出版社2013年版。

② [美] 琳达·A. 卡姆拉斯、塞拉·S. 法塔尼：《面部表情的发育：关于婴儿情绪的当前观点》，载《情绪心理学》，电子工业出版社2015年版。

③ [美] 戴维·谢弗：《社会性与人格发展》，陈会昌等译，人民邮电出版社2012年版。

二、识别和理解他人情绪

（一）对他人情绪理解的发展

儿童只要学会运用语言，就会开始表达一些关于他们自己的感觉以及对其他人的感觉，并且还会将这些感觉投射到他们认为有可能存在与他们一样的感觉的动物或其他物体上，比如人偶玩具。

2岁以下的儿童主要会评论他们自己的感觉或另一个人的感觉，这一时期的幼儿情绪反应的动因主要与生理需要有关，同时也存在着一些社会性需要，他们对他人情绪的理解多会停留在对方对自己需要的反应上面，并且会受到这种反应的影响而产生相应的情绪。

2岁至4岁的儿童对情绪事件的相关描述都是与过去的、未来的以及经常发生的感觉有关。关于情绪方面的谈话，有助于儿童对情绪的理解，同时儿童也有可能在谈话时重新感受到过去已结束的事件所体验过的情绪。相比正面情绪，儿童可能对于对负面情绪的激活尤其敏感。这一时期情绪的动因处于从生理需要向社会性需要的过渡阶段，主要以社会性需要为主。

保罗·哈里斯经实验研究认为[①]：3—10岁儿童情绪的发展分为三个时期，第一个时期的特点是理解情绪的表达方式、发生情绪情境的原因以及外部提示的影响；第二个时期的特点是掌握欲望和信念对情绪的作用，以及感觉到的情绪与表达出来的情绪之间的区别；第三个时期的特点是理解同一个人如何能够从不同的角度或者根据不同的标准术语思考同一个情境并因此引起不同的感觉。

经研究发现，对情绪理解的发展与年龄的增长并不一致，而是会受到家庭其他成员及朋辈之间的互动的影响。在一次对4—5岁的儿童的纵向研究中，研究者发现，那些可以精确地识别情绪的面部表情的儿童在1至2年后被证明更受欢迎。虽然一个人受到欢迎并不只是这一个原因引起，但是，对情绪的识别能力会让他们更好地了解他人的情绪状态，可以促进他们对他人的情绪和心理状态的洞察。如果父母可以与孩子正面地讨论关于情绪方面的话题，会促进孩子对他们情绪原因进行思考，孩子就容易从中了解自己的情绪所表现出的行为对他人的影响，从而会更好地理解自己与他们的情绪状态，这也有利于身心

[①] ［美］保罗·L. 哈里斯：《儿童对情绪的理解》，载《情绪心理学》，电子工业出版社2015年版。

的健康。如果父母在家庭当中很少提及情绪方面的话题，孩子就很难觉察自己情绪状态所表现出来的行为给他人带来的影响是什么，那么，他也很难理解他人的情绪发生的原因，在自己有消极情绪或他人有消极情绪时就会不知所措，进而导致消极情绪增加。越来越多的证据表明，学龄前儿童参与有关的情绪及其原因的家庭讨论的频率与他们后来的识别别人情绪的能力是相关的，使他们与人的交往中所表现出的社会熟练度优于其他儿童。同时个体所存在的差异，多来源于家庭中的谈话方式或内容的不同。

儿童依恋的方式也会影响到情绪习惯，安全的依恋往往来自父母或抚养者在儿童的成长过程中所给予的支持和安慰比较多，同时在儿童遇到感到痛苦的事情时可以通过正确的沟通而让儿童情绪转好，从中可以促进儿童对自己情绪感受的表达，这样更容易获得来自他人的安慰。在这种环境下成长的儿童更容易与他人建立良好的人际关系，也更容易从人际互动中得到更多的安慰。儿童基于他们对情绪生动的理解及对自己情绪状态的觉察，会让他们对一些事情的发展具有一定的预见性，也能够让他们对自己的情绪活动作出正确的选择，从而使他们学会客观地观察他人，以此来改变他们的情绪体验。

(二) 对他人情绪理解的发展顺序

1. 小婴儿（小于10个月）

研究者发现，2—6个月的婴儿，看见别人做鬼脸，会表现出微笑反应，即产生愉快的情绪[1]，而对他人愉快的表情会显示更多的兴趣。婴儿的情绪会受到成人情绪展示的影响，并且会以模仿式的情绪表现回应他人情绪的展示。但是在对他人情绪的理解过程中，婴儿对陌生面孔展示反应会有所不同。同样来自陌生人的友好情绪展示，3—4个月婴儿有可能会回应以微笑。但是，7—8个月的婴儿对陌生人的友好情绪展示有可能会回应以疑虑或恐惧。这一表现与婴儿的成长记忆的发展相关，随着成长经历的不同，婴儿的记忆与经验会更多地介入到情绪产生的过程之中，如果曾经体验过来自被外界刺激而产生的痛苦体验，幼儿对同样的场景会容易产生同样的情绪体验。这一过程中，幼儿的情绪会具有各种反射性，这就发展出与记忆相关联的情绪，也就是后天经验对情绪习惯所产生的影响。

7个月之间，婴儿靠吸吮或眼光离开看到的东西而调节情绪，他们能分辨

---

[1] 陈帼眉、冯晓霞、庞丽娟：《学前儿童发展心理学》，北京师范大学出版社2013年版。

高兴、生气和悲伤等表情。7个月之后，他们用摇晃身体，盯着某物发呆，离开不愉快的刺激物等方式进行情绪自我调节。

2. 婴幼儿（10—24个月大）

这一时期，婴幼儿通过面孔和声音去感知他人情绪的意义，同时也会通过对他人情绪行为的预测对自己的行为加以调整，以符合他人情绪意义要求。并且，以此来回避不好的经历体验。12个月大的婴幼儿可以间接地通过故事或电影、电视中获得经验，对引起一个成人恐惧情绪反应的事物，产生回避或消极情绪反应，这表明此时的婴幼儿不仅对面部表情和行为所传递信息有所理解，同时也对情绪的语调表达所传递的信息产生了更多内容的理解。幼儿在1—2岁时，已经会把别人的情绪反应作为评价自己判断准确的信息来源。

在学步期，他们能够离开令其烦恼的刺激或试图掌控它们，开始能说出情绪并伪装出各种情绪，对社会参照的应用更广泛。

3. 两岁的孩子

两岁的儿童，已掌握了一些的情绪词汇，他们开始运用少量的情绪词汇来表达自己的情绪，如"快乐""害怕""悲伤"等。研究表明，两岁大的儿童可以将快乐与他们所希望的结果联系起来，将悲伤与他们不希望的结果联系起来。也就是说他们可以理解情绪与情绪的原因之间的关系。但是，他们对悲伤和愤怒的面孔不能很好地区分。他们把"害怕"和"生气"等词认同为同一类的情绪，他们还不能很好地理解各种情绪的形容词，而是通过参照别人的情绪表达来预测自己行为的结果。这一时期的儿童没有信念的概念，可以理解情绪与他们欲望之间的关系，正面情绪往往与他们的欲望被满足有关，而负面情绪常常会是因为他们的欲望无法被满足所导致的。他们对情绪反应的理解，仅限于他们自己的感受，他们无法理解面对同一事物时，他人的感受与自己不同。

4. 学龄前儿童

儿童在3岁以后，逐渐对信念有所理解，调节情绪的认知策略开始出现并逐渐精细化，他们对一些情绪词汇的运用比其他词汇更为频繁。随着他们对词汇的掌握与理解，他们开始学会开玩笑，这也表明他们可以分辨一些行为表现的真假。在他们头脑中已可以对真假两种表象进行对比。出现一些掩饰情绪行为和遵从情绪表达规则的行为，他们可以根据别人的身体动作理解所表现的情绪，懂得一个人在同一时间可能产生两种互不排斥的情绪，能够意识到回忆过去的事件可能引发情绪。

3—5岁期间，儿童在正确识别和形容别人的简单面部表情方面做得越来越好①。让4岁、5岁和8岁的儿童观看成人跳舞，他们都能从成人跳舞时富有表现力的身体运动中看出成人是快乐、悲伤、愤怒还是恐惧。即使5岁儿童也能从富有表现力的身体运动中区别出跳舞者是悲伤、恐惧还是快乐；而8岁儿童则拥有和成人一样的技能，能正确地识别舞者富有表现力的运动中所暗含的全部四种情绪。

5—6岁儿童理解到病菌这一词汇的意义，并且能够把病菌与自己身体所产生的病痛相关联，所以，他们会害怕病菌。他们可以理解苍蝇能带病菌，从而会对苍蝇产生厌恶的情绪。这一时期他们会产生与思维相联系的情绪。

5. 学龄期

6—12岁：这一时期，他们对情绪表达规则的遵从有所提高，自我意识情绪与"好的""有能力"的行为标准的内化更紧密地联系起来，自我调节策略（包括恰当地增强情绪力度的策略）富于变化且更复杂，懂得不同的人对同一事件可能体验到不同情绪，理解到一个人可以同时体验到互不相容的或混杂的情绪，对自我意识情绪的原因有了更进一步的理解。

13—18岁：这一时期，随着激素变化和青春期的来临，他们会不断强调自己的独立自主性，但是他们自身经验和能力却与他们对自我的期待之间存在着一定的差距，这会增加他们与家庭内外的他人之间产生冲突的几率，这必然会引发更多消极情绪的产生。但是，这一过程中，他们会逐渐提高对情绪的理解和调节能力。这一时期他们情绪的产生主要依赖于记忆中的经验、预测的后果、对环境事件的评价等复合的主观认知因素。

三、情绪的早期社会性发展

婴儿对情绪的理解能力对其早期社会性发展有着非常重要的推动作用。社会性的发展代表着与环境互动的能力，婴儿在没有语言能力时常以情绪的表达来获得抚养者对自己的帮助。在这一过程中，婴儿的情绪表达起到了与环境互动交流的作用，他的表现也会影响着抚养者对他的态度和养育方式。一个乐观情绪较多的婴儿，必然会获得抚养者更多的积极情绪反馈，例如，一个平时爱笑的婴儿，即使在被忽视时更多地表现出哭闹，也容易获得抚养者的谅解。在

---

① ［美］戴维·谢弗：《社会性与人格发展》，陈会昌等译，人民邮电出版社2012年版。

这一时间社会性的交流往往来自婴儿与抚养者双方互动的影响力，婴儿会以自己基础情绪来表达自己的需要，而抚养者以自己习惯性的情绪反应来对待婴儿，这一过程是双方面的影响。正如有些父母说工作再累，一看到孩子的笑脸什么烦恼都变得不重要了，婴儿让他们心情愉悦。而另一些父母曾表示生孩子并非他们所愿，所以面对孩子时就会感到心情沉重。这说明了孩子对情绪的理解及社会性的发展也在受抚养者情绪状态的影响。如果抚养者可以在与婴儿的互动中不断去努力适应他们的需要，那么，婴儿在这一过程中便会习得这种被需要时的适应感，在社会性的发展中将起到积极的作用。而"社会参照"可以促进婴儿能够迅速获得一些知识。例如，婴儿在活动中有可能会遇到对他们有害的物体，这时他们对抚养者情绪（不高兴或愤怒等）的理解会让他们懂得什么是可以被他们触摸，什么会给他们带来伤害。

婴儿情绪的社会化：[1]

（一）社会性微笑

社会性微笑出现是婴儿情绪社会化的开端。出生后3周左右，与婴儿互动时，抚摸其面颊、腹部，婴儿会微笑。约5周始，婴儿能区分人的声音、面孔，并开始对人有特别的反应，婴儿的社会性微笑开始出现。从4个月开始，随着婴儿对外界刺激反应能力的增加，能够分辨熟悉的脸和其他人的脸，婴儿开始对不同的人报以不同的微笑，出现有差别、有选择性的社会性微笑。

（二）陌生人焦虑

随着婴儿逐渐能分清陌生人和熟人，随着母婴关系的日益亲密，婴儿能很好地把主要抚养者和陌生人区分开来，陌生人的出现便会引起婴儿的恐惧、焦虑。陌生人焦虑一般在婴儿6—8个月时发生。

（三）分离焦虑

随着婴儿与母亲情感联结的进一步建立，婴儿也出现了第二种形式的焦虑——分离焦虑，即婴儿与某个人产生了亲密的情感联结后，又要与之分离，就会表现出伤心、痛苦，拒绝分离。分离焦虑在婴儿6—7个月时产生，随着母婴依恋的建立而同时发生。

（四）情绪的社会性参照

情绪的社会性参照是婴儿情绪社会化的一种重要现象和过程，充分显示了

---

[1] 林崇德主编：《发展心理学》，人民教育出版社2009年版。

情绪的信号作用和人际通信交往功能，是情绪社会化的重要方面。当婴儿处于陌生的、不能肯定的情境时，他们往往从成人的面孔上搜寻表情信息，然后决定自己的行动。

四、自我意识情绪的发展

自我意识情绪必然是与自我概念相关。当提到"自我"这一概念时常常会与自我评价联系起来，研究证明儿童的自我意识从 2 岁开始产生，所以，2 岁的儿童就已经开始表现出自我意识情绪。

迈克尔·刘易斯强调了与自我意识有关系的四种情绪[①]：羞愧、内疚、尴尬与自豪。他认为儿童自我意识情绪的产生与其所处的社会群体文化标准、规则和目标有关，儿童在习得相关文化的适当行为模式后，从不晚于 2 岁开始，可以理解什么是适当和不适当的行为，并持续整个一生。而且根据这些标准、规则和目标对人的行为、思想和感觉进行评价。儿童在违背了标准、规则和目标时会显示痛苦情绪，从中责任感、归因习惯也起着重要的作用。

在儿童自我意识情绪形成过程中，父母对儿童自我意识和自我概念形成的影响最大。人们已习惯于用父母对自己的态度与评价来看待自己，这也就是弗洛伊德所说的超我意识对自我的影响。在儿童期会更加在意父母对自己的态度，因为父母是他们赖以生存的支柱，是关心他们和养育他们的人，也是最初给他们定下规矩与标准的人，所以自我意识情绪常常会与父母的评价呈正相关。

如果父母是乐观而宽容的人，那么，孩子就很少会出现因羞愧而产生的回避行为。儿童在做错事情之后更多地可能会产生内疚感，并会为此而做一些弥补的行为。儿童在家庭当中，感受到自己的父母在自己做错事时只引导自己改正错误，而非一味地指责与惩罚，那么，他就学会了如何处理与他人之间类似的事情。例如：儿童不小心把东西损毁了，父母只让他收拾一下，并告诉他下次要怎样做可以避免类似的事情发生，那么，这个儿童就从父母身上学到了宽容待人，当他去面对他人出现同样的行为时，就会运用父母的处理方法去处理此类的事情。

---

① [美]迈克尔·刘易斯：《自我意识的情绪：尴尬、自豪、羞愧和内疚》，载《情绪心理学》，电子工业出版社 2015 年版。

如果父母缺乏耐心，在儿童出现错误言行时常表现出指责与惩罚，儿童就容易出现因羞愧而产生的人际退缩行为。

在这里需要强调的是，父母自身的自我意识情绪习惯会直接影响到儿童自我意识情绪的形成，父母在儿童面前所有表现，很容易被儿童在无意中模仿，所以家庭教育对儿童情绪习惯的影响会贯穿于整个学前期，身为家长的人需要认识到这一点，以完善自己，避免把问题带给儿童。

随着儿童的成长，当步入青少年期后，情绪的体验会因身体的发育成熟有所改变。这种变化让消极的情绪增加，这不仅与伴随性成熟产生的心理和激素的变化有关，同时也与自我意识更为深入有关。正如古希腊哲学家苏格拉底所说："认识自己是多么地困难！"所以，当儿童步入青少年期后，对自己的整体看法也会发生变化，对自我价值的强烈追求感与现实能力的自我缺失感会给他们带来更多的消极情绪，这种情绪又会导致他们与父母之间的矛盾与日俱增，这又成为消极情绪的起因，所以青少年常常会表现出更多的消极情绪。身为青少年孩子的父母就需要懂得体谅这一时期孩子自身的困扰，以理解与宽容的态度帮助他们顺利地度过这一成长时期。

第二节　遗传与亲子关系的影响

一、遗传与气质对情绪的影响

（一）气质与情绪

在情绪表达、情绪理解和情绪自我调节的发展上，我们在不同儿童身上看到了一些相同点。但是，在情绪机能上还存在一些显著的差异。对气质研究的视频中显示儿童天生的气质类型会对他们的情绪反应产生极大的影响。实验是通过在儿童面前摆放运动性的多彩玩具，玩具一直旋转，并配有音乐，被试儿童的表现会不同，内向的孩子看到这一情景先是皱眉，之后会大哭，很想逃离眼前玩具，不断寻求他人的帮助；而外向的孩子对眼前的一切很好奇，表情愉快，并且会试图对玩具进行进一步的探索。这表明，儿童气质类型也会影响到情绪习惯的形成。

研究者发现，人的气质包括了情绪、动机和注意反应以及自我调节习惯，这些特点在儿童身上体现出个体差异，不同的研究者对气质进行定义或测量的方式不同，但很多人都认可下面的 6 个维度，它们对婴儿气质的个体差异做了很好的描述。①

第一，恐惧性痛苦（恐惧）——面对新情境或者新异刺激表现出犹疑、悲伤和退缩。

第二，易怒性痛苦——当愿望落空时发怒、啼哭，表现出痛苦（有时被称为"沮丧/愤怒"）。

第三，积极情感——经常微笑、大笑，愿意接近他人，跟他人一起玩（有人称之为"善交际性"）。

第四，活动水平——大肌肉运动（例如踢打，爬行）的多少。

第五，注意广度/持久性——儿童关注感兴趣的东西和事件的时间。

第六，节律性——身体机能（如吃饭、睡觉和肠胃功能）的规律性和可预测性。

某些气质维度的变化需要一段时间才能显现，它们受到生理成熟和经验记忆的影响。

在遗传对气质影响的研究中，通过对同卵和异卵双生子进行遗传影响的比较，体现出在 6 个月左右，同卵双生子比异卵双生子在反应速度和情绪情感的习惯上都有更多的相似之处。这表明许多重要的气质成分会受一定的遗传基因影响，这些影响是人气质形成的基础，后天的训练也必然需要符合个体气质类型基础才会对个体产生更好的效果。

气质特点虽然具有遗传基础的影响，但是，在儿童成长的过程中，环境及人为的教育也必将起到一定的作用。新近的研究表明，家庭环境对子女情绪习惯的影响中，积极情绪的影响要多于消极情绪的影响。同时父母对待子女态度上的差异，也会影响到孩子气质特点的形成，如一个内向的孩子，如果父母给他创造适度与人际交往的环境，就有可能促进他的人际交往能力；如果父母因为他不愿意与人交往而有意给他创造回避人际交往的环境，那么就有可能加重他孤僻不合群的气质特点。

虽然有研究表明，人的气质成分在成长中会保持相对的稳定，但是，并不是所有人的气质都具有这样的稳定性。哈佛大学杰罗姆·凯根教授提出了抑制性气质和非抑制性气质，所谓抑制性就是对细微的刺激也会表现出强烈的反

---

① 戴维·谢弗：《社会性与人格发展》，陈会昌等译，人民邮电出版社 2012 年版。

应；而非抑制则是指只有在受到较大的刺激时才会有所感知，对于刺激的反应速度和强度较弱。这也正是前面提到的视频中的两个不同的孩子对玩具刺激物所产生的反应。从人的行为抑制性来看，有研究者发现对新奇事物过度反应的婴儿，其大脑右半球（消极情绪中心）比大脑左半球表现出更强的脑电活动，而对新奇事物反应不激烈的婴儿并没表现出相反的模式，而是其左右半脑的脑电活动没有明显差异。家庭研究也表明行为抑制是一种受遗传影响的特征，最抑制和最不抑制的儿童是位于行为抑制性连续体两端的儿童，他们表现出了长期的稳定性，而其他多数儿童随年龄增长，其抑制水平表现出很大波动。这说明遗传对气质的影响会受到成长环境的影响而有所变化。

（二）气质类型与情绪反应

20世纪50年代，美国最早从事儿童气质研究的切斯博士和托马斯博士将所有孩子大致分为三种气质类型：容易型气质、困难型气质、迟缓型气质。

容易型气质：这种类型的儿童，通常表现出积极情绪，适应性强，让人感觉比较好相处，他们的行为也具有一贯性。但是，这种好相处，只是一种行为表现，这样的孩子常因为要主动适应环境而没有把自己的真实想法实施于行动，家长往往会认为这样的孩子情绪比较稳定，不用给予细致的关怀，但是，这种气质类型的孩子实际上更渴望得到他人的关注与鼓励，他们内心对他人的认可更为在意。

困难型气质：这种类型的儿童表现好动，情绪暴躁，行为习惯缺乏一贯性。他们的情绪容易波动，相对容易型儿童适应能力会差一些。这种类型的儿童往往安全感不足，更多地渴望得到他人的安抚，同时对他人的理解能力也比较差，家长需要更多地关注孩子在发脾气时的内心想法，及时地安抚与引导孩子理解和适应环境的要求。

迟缓型气质：这种类型的儿童外在表现不活跃，他们的情绪相对稳定，对外界的刺激反应相对适度，不会过于激烈，对陌生人和环境的适应较慢。这一类型的儿童神经系统的反应相对比较慢，所以需要家长有耐心，要适应孩子的成长发展速度，不能强求孩子可以按照家长所期待的速度发展。这一类型的孩子更需要家长对他们态度上的接纳，可以有利于他们形成对自己的积极评价。

气质类型具有相对的稳定性。人的气质会影响到一个人如何接人待物。儿童时期父母或抚养者对待他们的态度会影响到儿童对自己的态度，随着年龄的增长大部分人的气质很难改变。在成长的过程中，父母或抚养者对儿童的评价会影响到儿童对自己所具有的气质类型的态度。如果父母对他们是接纳的，并且能够在了解他们的气质类型后对他们加以正确引导,他们就容易接纳自己的气质类型,并会以自己的发展速度去学习和与人相处,这样他们就容易产生对自己做事的信心,各方面的能力也容易得到很好的发展。所以,气质类型并不能决定着人的成功,而是人对生活的态度决定着人的生活状态——学业、事业和人际关系。

例如,困难型的儿童在参与集体活动时往往会出现问题。他们比较好动,而且情绪容易波动,在与人相处时很容易被激怒,常常发生冲突事件,这自然会影响到家长和老师对他们的评价。如果家长或老师无法理解他们的气质类型具有一定的先天因素,而急于纠正他们,就很难达到真正的效果,有些孩子还会因为家长对他们惩罚过多而产生敌对和攻击行为。所以,父母或抚养者如何对待孩子,对孩子的行为习惯和情绪自控力都有着极大的影响。迟缓型的儿童,因为在学习或集体活动中常表现得比别人慢,遇事有时还会表现出犹豫不决,他们的这些表现会直接影响到其他儿童对他们的态度,其他儿童有可能会排斥与他们在一起玩,或在玩的过程中往往忽视他们的存在。这些也都会影响到他们对人际交往的感受。如果家长或老师都比较粗心,不能及时调整他们对人际的态度,那么,他们就容易回避与人交往,更喜欢独处,同时也会影响到他们对自己的评价,有些儿童因为自己比别人慢而开始对自己失去信心甚至还会讨厌自己。如果家长或老师能够耐心地引导他们比别人花更多的时间去学习知识和与人相处的技能,他们就可以建立自己的信心,甚至有可能比其他人更好,也会以温和的态度与他人建立良好的关系。所以,引导者往往会决定着儿童对待自己个人能力发展的态度。

人的气质虽然具有一定的稳定性,但是,成长经历对人的影响作用会更大。这也意味着气质是可以改变的。正如前面所提到的,父母或抚养者对儿童的态度会决定着儿童们如何为人处事,如果父母和抚养者的教养方式比较适合孩子的气质类型,孩子就容易习得良好的行为习惯和情绪的自控能力。比如困难型的孩子,在良好的教育下,就有可能转变他们对待他人的方式和他们的情绪应对方式,可以与他人比较友好地相处。这种良好的教育包括教导他们如何理解他人,在情绪暴躁时如何控制好自己不去与他人发生冲突,在集体中懂得遵守纪律等。

在心理咨询案例中,心理咨询师会经常面对困难型或迟缓型孩子和他们的家长。面对困难型的孩子,家长只要提高对孩子的理解,并且付出耐心去帮助孩子提高理解他人的能力,以及提高他们认知情绪和调整自己情绪的能力后,他们会有很大的转变，让家长和老师不再会感觉到他们是困难型的孩子；而对待迟缓型的孩子，只要家长可以适应他个人能力的发展速度，并且不断鼓励和认可他们已有的成绩与进步，很多孩子会变得很优秀，虽然，他们的速度并不会提高很多，但是他们会以他们的速度把事情做好，他们因得到家长或老师的认可而对自己充满信心。

但是，在心理咨询案例中，我们也会遇到一些对孩子缺乏耐心，对自己的家长角色缺乏责任感的家长，他们希望把孩子交给心理咨询师后就完事大吉，他们忘记了他们如何与孩子相处才是孩子真正的问题所在。还有一些无知的家长，他们自己的情绪常常失控，他们更在意他们自己的感受而忽视了孩子的感受。这些家长，是让孩子一直保持"困难型或迟缓型"的主要影响因素。

二、亲子依恋对情绪的影响

（一）依恋的形成与发展

人的生理发展特点以及人所具有的社会性决定了人类从出生到死亡都离不开与他人的合作，所以，依恋是人出生后生存本能所产生的现象。依恋是指儿童对主要抚养者所产生的依靠感，同时也是一种强烈而持久的情感联系。这种情感的外在行为表现是不愿与主要抚养者分离，而这种情感对儿童来讲是一种归属与安全的感受，它把儿童与主要抚养者密切联系在一起，对儿童心理发展具有极为重要的意义。

研究认为，儿童依恋表现出以下三个特点：

第一，依恋对象与儿童在一起，可以使儿童感到安心和愉快；

第二，依恋对象比其他任何人都更能抚慰痛苦、不安的儿童；

第三，依恋对象对儿童的陪伴可以使儿童具有安全感和归属感，所以，当依恋对象不在他们的视线范围后，儿童会表现出不安或害怕。

研究发现，儿童与主要抚养者之间依恋的形成与发展需要经历以下四个阶段：

1. 社交无差别阶段（0—6周）。6周前的婴儿在某种程度上对与谁互动没有差别感，也可以说是没有社交性，他们对别人的反应表现为无差别。任何人都有可能让他们感到高兴，只要是刺激他们都会感到高兴。很少有什么刺激会引起他们的不满。在这一阶段结束时，婴儿开始对微笑面孔等类社会性刺激显示出偏爱。

2. 未完全分化的依恋阶段（6周到6—7个月）。这一时期婴儿喜欢有人陪伴，他们对他人的反应表现为有所区别，对母亲和他所熟悉的人及陌生人的反应会不同，儿童对母亲更为偏爱。3—6 个月的婴儿虽然只会对着最熟悉的人大笑，而且当熟悉的人照顾他们时，他们能很快平静下来，但是任何人（包括陌生人）关注他们，他们都很高兴。

3. 特定情感依恋阶段（大约 7—9 个月）。此时，婴儿会对一个特定的人（通常是母亲）离开感到焦虑，当依恋对象回来时婴儿会马上显示出高兴的样子，他们也开始警惕陌生人。而 7—8 个月时，儿童会形成对父亲的依恋。沙菲尔和埃莫森认为，这一时期的婴儿已经形成了真正的最初依恋。之后，婴儿与主要抚养者的依恋关系会进一步加强，儿童依恋范围渐渐扩大，除父母亲外，儿童还依恋家庭的其他成员，如祖父母、哥哥和姐姐等。以后随着儿童进入集体教养机构，儿童还对老师形成依恋情感。

4. 多重依恋阶段。在沙菲尔和埃莫森的研究中，大约一半婴儿在形成最初的依恋之后的几个星期内开始对其他人产生依恋，其他人包括爸爸、哥哥姐姐、祖父母或平时看护他的保姆。到 18 个月时，只有很少的婴儿会只依恋一个人，一些婴儿可能对 5 个或更多的人产生依恋。婴儿的每个依恋对象发挥着不同的作用，婴儿最喜欢什么人要看是什么情境。2 岁后，儿童能认识并理解主要抚养者的情感、需要、愿望，并知道交往时应考虑他们的需要和兴趣，据此调整自己的情绪和行为反应。

（二）依恋的类型

依恋是儿童必然经历的人际现象，但是儿童与抚养者之间所形成的依恋方式会有所不同，表现出的性质也会不同。玛丽·爱因斯沃斯设计了 8 个陌生情境程序，对 1—2 岁婴儿进行测试。通过记录并分析一个婴儿对这 8 个情境的反应，一般可以把婴儿对抚养者的依恋划分为以下四种。

1. 安全型依恋。大约 65% 的 1 岁婴儿属于这一类型。这类婴儿并不总是依偎在母亲身旁，他们可以独立玩耍，只是偶尔需要靠近或接触母亲。在母亲离开后会表现出焦虑不安，会寻找母亲，当看到母亲回来一般会表现得比较高兴，上前寻求母亲的安慰。这样的孩子在母亲身边时，可以与陌生人友好相处。

2. 拒绝型依恋。约 10% 的婴儿属于这种"不安全"的依恋类型。这类婴儿常会在母亲身旁活动。当母亲离开时他们会表现出非常悲伤，但是母亲回来时，虽然他们会靠近母亲，但是对母亲会表现得有些生气，而且拒绝与母亲进行身体接触。这样的孩子在母亲身边时，也不能放松地与陌生人相处。

3. 回避型依恋。约20%的1岁婴儿属于这种"不安全"依恋。他们和母亲分离时并不表示反抗,很少有紧张、不安的表现;当母亲回来时,也往往不予理会,自己玩自己的。这样的孩子一般能和陌生人交往,但偶尔会像回避与忽视母亲一样回避并忽视陌生人。实际上这类儿童对母亲并没有形成特别密切的感情联系。

4. 混乱型/迷惑型依恋。大约5%的婴儿属于这种"不安全"依恋。他们面对陌生情境时会非常不安,是一种最不安全的依恋。它显示出一种拒绝型与回避型依恋的结合,反映了对抚养者靠近与回避的矛盾。与母重聚时,他们可能茫然、冷淡;也许会走近妈妈,但妈妈要把他们拉近时,又突然跑开;也许在两次重聚情境中表现出两种不安全依恋类型。

在这四种依恋类型中,只有安全型依恋是一种健康的依恋,也是一种信任亲近的人的表现,是未来建立亲密关系能力的基础。

(三)依恋类型对情绪习惯的影响

依恋类型对儿童的影响多会体现在外在的情绪表现上,安全型的依恋无疑会促进儿童人际交往能力发展,人的情绪波动大部分会受人际互动的影响,所以,早期的依恋类型与气质类型一样都会影响到儿童情绪习惯的形成。三种不安全型的儿童在人际互动中都会相应地表现出一定的问题,这些问题会影响到他人对待他们的态度。如安全型在人际中比较受欢迎,而拒绝型、回避型、混乱/迷惑型会在人际中因为他们对他人的不良态度更容易遇到被同伴排斥的现象。他们在处理人际关系时所表现出的缺陷会影响到他们的自我评价,如果父母或抚养者不能以正确的方法引导孩子改进这些缺陷,他们就容易产生更多的负面情绪习惯,如遇事容易愤怒或恐惧等,这些负面的情绪习惯必然会影响到他们人格的形成,对未来的发展都会产生一定的影响。

一些追踪研究表明,儿童在15个月时所测量到的他们的依恋类型,到15岁时仍然会影响到他们的人际交往能力,同时也表明早期形成安全依恋的儿童,会更富有好奇心,对其他儿童的需要和情绪比较敏感,主动性更强,更喜欢学习游戏和新的知识,他们的社会技能更强,更容易交到亲密朋友。与之相比,早期形成不安全依恋的儿童,缺乏学习新技能的热情,亲密朋友较少,在校违纪行为较多,并且容易产生心理问题。这表明依恋的类型通过对人的人际交往能力的影响,也会直接影响到他们对生活其他技能的学习。所以,早期母婴依恋(或与抚养者的依恋)的形成,不仅会影响到人的情绪习惯的发展,还会通过儿童情绪的发展影响到儿童自我意识、人际关系和认知的发展,这让我们更明确了提高家庭情绪管理的必要性，提早让个体了解家庭成员互动情绪管理的知识将会促进良好的依恋关系的形成，也必将因此而提高全民的心理健康。

（四）日托和母亲个人修养对儿童情绪发展的影响

当今对很多家庭而言，母亲都不能长期陪伴婴儿成长。很多母亲会在婴儿出生三个月后就开始工作，这必然会影响到孩子在婴儿期就受到多种形式的养育。在个案咨询中，很多家长会问到孩子在日托中心会不会在心理上受到不良影响，目前研究显示，在正规的日托中心中婴儿一般没有受到不良影响。因为正规的日托环境会以儿童的身心发展特点为基础促进儿童的成长，所以，一些高质量的日托中心不仅可以更健康地培育孩子成长，还可以促进受到不良环境影响的问题儿童的社会反应性和智力的发展。高质量的日托中心对儿童的社会性、情绪和智力发展有很多益处。但是，这并不是说日托中心可以替代母亲对孩子的影响，因为婴儿的出生本身就会对母体产生依恋，这种依恋是不可替代的。只是婴儿对外界的感知及环境对婴儿的回应对婴儿的影响要大于他们对母体的依恋，也就是说依恋在成长中更多的是心里的感受，所以，抚养者的态度和养育方法对婴儿的影响更大。

如果孩子父母自己的生活压力重重、环境状况复杂，他们就很难在面对孩子时表现出他们作为父母的敏感性，而繁忙的或复杂的生活内容也会减少他们对孩子生活和学习活动的参与。在这样的家庭中父母根本没有教育孩子的热情，所以孩子也很难获得与父母互动时的快乐，也必然会影响到孩子的身心健康。

在个案咨询中，我们也会发现母亲的人生态度和情绪习惯会更多地影响到孩子的心理健康。母亲具有积极的个人发展意识不仅不会影响到与孩子的关系，反而能更积极地对待孩子的成长，她们会主动学习育儿知识，更容易自省自己对待孩子的态度，这无疑都会正向影响到孩子的感受。由于人的心理投射作用，一个拥有良好自我价值感的母亲会带给孩子更多的正面评价，她们面对孩子的错误时，会更耐心地引导孩子。因为她们自身对自己的人生会有反思，她们对他人的感受更为敏感，并且不容易把自己的成长问题带给孩子，更容易坚持对孩子的正确引导与教育，面对孩子成长问题会更多地给予孩子鼓励与支持，这些都会是促进孩子健康成长的有利因素。相比之下，那些缺乏积极人生态度的母亲，她们的情绪习惯会存在一定的问题，她们缺乏个人发展意识，由于她们对自己的得失关注过多而容易引发更多的负面情绪。她们缺少自省意识，在遇到不顺利的事情时却又容易对自己产生低评与自责，而这种自责又常常投射到他人身上，不仅她们个人的情绪容易波动，同时也会影响到一个家庭的情绪氛围。当她们以这种心态对孩子时，孩子也必然会受影响。孩子会通过模仿而习得母亲的情绪习惯，同时，在成长过程中也会受到母亲价值观的影响而形成不良认知和负面自我评价。

我们可以通过与不同母亲的对话内容体会到她们对孩子的影响。健康的人格都是从儿时被培养起来的。

案例1，女孩，17岁，高三，因考试不理想前来咨询。

咨询师："她与您的关系好吗？日常生活需要您照顾吗？"

母亲："很好，不需要，她一直都很独立。"

咨询师："能说一下她的情况吗？"

母亲："她的学习其实并不是我们担心的，因为她一直都学习很好。只是近来她有些变化，她以前每周与她爸至少要打三、四次网球，但是，从第一次摸底考试之后她一次都没有打过球，每天都拿着书，甚至上厕所都要拿着书。这让我很担心，我与她说过她需要适当地休息，劳逸结合会更好，但她完全听不进去，要高考了，我也不适合多说。直到第二次摸底考试比之前降了50分后，她自己也着急了，我和她爸觉得还是找个专业的老师与她谈比较好，所以就带她过来了，希望能得到您的帮助。"

咨询师："谢谢您的信任，第一次摸底考试之后有什么事情发生吗？她第一次摸底考试考了多少分？"

母亲："她当时考了712分，全校第一名，所以校长找她谈过话，具体谈了什么，她没有和我们说。第二次摸底考试她考了665分，考完她自己心情特别不好。"

咨询师："有可能是与校长谈话影响了她，那我与她谈一下吧……"

她母亲非常尊重孩子，对孩子的情绪反应也比较敏感，并且对孩子的问题一直表现得非常关切。之后的咨询很顺利，女孩只是因为心理压力大，过度担忧而导致学习效率下降。她父母给我的印象很深，母亲很有耐心，父亲也表现得非常有修养，他们都是高级知识分子，而他们的孩子也非常健康优秀。孩子的优秀来自于儿童时期习惯的培养，所以，婴儿到青少年期能够健康成长的孩子一般不会出现严重的心理问题，而这位母亲在谈话中所表现出来的是对孩子比较稳定和客观的态度，这对孩子的成长都是有利的影响因素。

案例2，男孩，7岁，小学一年级，因为不愿上学前来咨询。

与案例1不同，这孩子是一个小学生，他的问题非常大，不仅不愿上学，而且各方面的能力很低（无法独立上厕所，不会自己提裤子），但智商没有问题。

咨询师："孩子与您的关系好吗？他是从什么时候开始不愿意上学的？"

母亲："关系还可以吧，他一般都跟爷爷奶奶住，他的情况我不是特别了解，他爷爷说必须带孩子来看一看心理问题，所以就过来了。"

咨询师："孩子没有上学前，您与孩子住了多久？"

母亲："他从出生就跟着爷爷奶奶，我工作已经很累了，所以也没有时间带孩子。"

咨询师："您周六日会加班吗？"

母亲："没有，但是周六日我得休息啊，有时也会去看孩子，陪孩子出去玩一玩。"

咨询师："孩子现在生活能力很差，老人有时很难对孩子严厉管教，所以，孩子由父母来管会更好一些。"

母亲："这不现实，我真的做不到每天带孩子！"

咨询师："您对孩子的情况不关心吗？"

母亲："关心啊，但是，我也没有办法，条件不允许。您还是与他奶奶聊一聊吧，孩子还是她管得比较多。"

她说完就出去了，完全与她没有关系的样子，从她的谈话中，她根本就没有意识到她作为母亲的责任，她的人生只有她自己。后面与孩子奶奶谈话时，奶奶说孩子妈妈非常缺乏耐心，和孩子在一起时，常对孩子发脾气，所以，也不敢让孩子妈妈带孩子。咨询后，了解到老师已不再让孩子上学（孩子曾在班里大便），我建议他们把孩子送到专业的儿童行为矫正机构，先把孩子的基本能力培养起来，再提高对学习的兴趣。

从这两个案例中，我们不难看出母亲的生活态度会影响她们对孩子的态度，而母亲个人的修养对孩子也产生着一定的影响。案例1的孩子，在儿童时期的发展应该是顺利的，所以，后期出现问题会容易解决。而案例2的孩子，由母亲对孩子的不良态度，导致孩子出现了较为严重的问题，这势必会影响到孩子的人格形成与发展，所以，儿童时期母亲自身的修养也会影响到她对孩子的态度与责任心，这也正是为什么有人会说："一位好母亲会影响三代人。"

（五）对父亲的依恋所产生的影响

父亲在孩子的成长中也同样扮演着比较重要的角色，一些专家对孩子与父亲之间的依恋进行了研究，他们通过一些实验证实了与爸爸的依恋也具有与妈妈的依恋同等的重要性。研究者在实验室中对学步期儿童做了依恋类型的对比研究，结果发现，与爸爸妈妈两个人都形成安全依恋关系的孩子与陌生人的互动关系最为友好。与父母中至少一人形成安全依恋的孩子，比完全没有与父母形成安全依恋的孩子要更为友好，而且遇到问题时情绪困扰也比较轻。研究还显示，对父亲形成安全依恋的儿童，情绪自我调节能力会比较好，人际交往的安全感比较强，具有较好的同伴交往能力，后期的发展中出现严重问题的也比较少，很少会出现违法行为。如果与父亲建立了安全的、支持性的依恋关系，孩子相对内心会比较稳定，即使父亲离开了这个家，其子女仍能保存父亲在时的影响力。所以，儿童与父亲关系对儿童的心理发展也起着非常重要的作用，而且如果对父亲形成安全的依恋，在一定程度上也会补偿因不安全的母子依恋造成的情感伤害。

从以上的研究中我们可以了解到儿童时期与父亲形成的依恋关系也同样会影响孩子的一生，同时也会与母亲之间形成互补的状态。所以双亲家庭更有利于孩子的成长，同时实验也表明父亲在孩子的情绪安全性方面起到了促进的作用，与父亲形成安全依恋的孩子在未来生活中会表现出比较强的社会生存能力。关于对孩子情绪习惯的整体影响，在后面的章节中会有详细介绍。

第三节　情绪调节的社会化形成

一、情绪自我调节策略的出现

情绪自我调节是有意识地控制情绪以达到自我期待的情绪状态与水平。对情绪的适宜调节包括掌控自己的感受、伴随感受的生理反应、与情绪有关的认知，以及与情绪相关的行为。情绪自我调节能力的习得是一个长期且受多种因素综合影响的过程，并且深受家庭内外经验积累的影响。

儿童情绪习惯形成与发展会随着年龄的增长而越来越受自我意识的支配，儿童对情绪的自我调节能力也会越来越强。

在出生后的几个月，抚养者会通过抱着婴儿摇晃、轻拍等与婴儿互动，在这个过程中，婴儿会产生自发的情绪。到了 6 个月前后，婴儿会出现主动调节消极情绪的表现。但是，男孩比女孩会晚一些出现调节消极情绪的能力，他们会有意识地用消极情绪来引起抚养者的注意以获得抚慰。18—24个月时，儿童通过谈论关于自己和他人情绪原因和结果来促进对情绪的理解和情绪自我调节能力的提高。父母以什么样的方式谈论情绪和谈及哪些情绪内容等，都会影响到儿童的情绪自我调节策略。

在婴儿时期，父母常在孩子产生消极情绪时，转移孩子的注意力，让孩子把注意力转移到积极的事物上，这样可以让孩子的情绪转好。3—6岁儿童开始采用自我情绪调节策略，可以主动把注意力从引发负面情绪的事件上转移开，让自己想一些高兴的事来排除自己的负面情绪，或者改变认知策略来让自己情绪转好。以维果茨基认知发展理论的角度来看，这一过程中，随着孩子的语言能力和认知能力的发展，他们会形成自我中心的内部对话，这些内部对话会受他周围的成人所用的社会话语的影响，同时，也赋予孩子用以影响他人和自身的语言工具。所以，当儿童能够表达自己的情绪体验后，抚养者应当帮助幼儿自己习得有效的情绪调节策略。

陆芳、陈国鹏结合前期观察结果，把幼儿的情绪调策略分为六种：自我安慰、替代活动、被动应对、发泄、问题解决和认知重建。①而这六种幼儿情绪调节策略后期又被研究者分为三类：积极情绪调节、消极情绪调节和弹性情绪调节。其中，积极情绪调节包括认知重建和替代活动；消极情绪调节包括被动应对和自我安慰；弹性情绪调节包括发泄和问题解决。从幼儿对情绪调节策略的使用情况来看，可分为三种不同类型：均衡型、一般型和卓越型。均衡型的幼儿均衡使用六种情绪调节策略，一般型的幼儿所占比例最高（80.4%），卓越型的幼儿更倾向于使用积极的情绪调节策略。在这里也需要强调的是幼儿的情绪调节策略受父母情绪调节策略和情绪表达的影响。

陈帼眉等人认为随着儿童脑的发育以及语言的发展，儿童自我情绪的调节会表现在三个方面：1. 随着儿童脑的发育以及语言的发展，情绪的冲动性逐渐减少，儿童开始能对自己的情绪有所控制；2. 随着年龄的增长，在教育的影响下，幼儿对情绪情感的自我调节逐渐加强，不稳定性、情境性逐渐减少，情绪逐渐趋向于稳定；3. 随着语言和儿童心理活动随意性的发展，儿童逐渐能够调节自己的情绪、情感及其外部表现。儿童晚期的情绪已经开始有内隐性，幼儿控制调节自己的情绪表现或情绪本身都是社会交往的需要。儿童晚

---

① 陆芳、陈国鹏：《学龄前儿童情绪调节策略的发展研究》，载《心理科学》2007年第9期。

期，调节自己情绪情感表现的能力已有一定的发展，能够较多地调节自己情绪情感的外部表现。

二、情绪表达规则的习得

情绪的表达规则会受到环境的影响，而规则往往都具有一定的社会性。也就是让人懂得在什么样的环境中可以表达什么样的情绪，在什么样的环境中不应当表达什么样的情绪。儿童往往是通过成人的要求来理解与遵守这些规则。例如：父亲或母亲的朋友来家中，孩子会因为父母忙于招待客人而忽视了自己感到生气，但是，这时家长会要求孩子仍然要对客人表现出友好态度，从中儿童开始习得掩饰真实感受的能力来适应环境的要求，这样就形成了表达情绪的使用规则。

在对情绪表达规则的习得过程中，成人的评价对孩子的自我认知也会产生一定的影响。儿童在情境下会评估自己在情境中的存在意义，并会与情境所反馈的自我意义做比较，当情境的自我意义与个人自我意义认同一致时，儿童常会表现出积极的情绪反应；当两者不一致时，儿童则会表现出消极的情绪反应。儿童在情境中会基于他人的评价（他人的反馈）和自我评价（他们自己的评估）评估自我的意义。

研究发现，3 岁左右的儿童已经开始表现出掩饰真实感受的能力。虽然淡化某种情绪的能力是儿童学会遵从所受文化的表达规则时必须掌握的重要技能，然而这种对文化的顺从往往会要求儿童抑制实际感受到的情绪，表现出在当时情境中符合表达规则的情绪。这让孩子从中学会了某种程度的欺骗或伪装，由于在对情绪表达规则的要求中，父母会对女孩子要求更多一些，所以女孩对规则的顺应比男孩更积极，技能也会更强，在被管教时也会表现得更顺从。例如：有些家长常会说："要有个女孩儿样！"这虽然与中国传统文化有一定的关系，但这种要求也与女孩子的生理特点有关，包括对女孩未来要成为"贤妻良母"的期待相关。

由于母亲与孩子早期成长的关系更密切，所以，母亲与孩子互动中所表现的情绪习惯也会直接影响到孩子情绪习惯的形成。例如：虽然孩子被要求不可以在公共场所发脾气，但是，带着他出去的母亲却经常会在公共场所发脾气，那么，这个孩子就很难遵从被要求的情绪表达规则，很可能也会经常出现在公共场所发脾气的现象。

从大脑结构来看，人脑的发育是从感知觉开始发展的，管理自我控制的大脑皮层是最后发展起来的，这也就表明，对情绪的自我控制力会受到生理基础的影响。"男女平均至少要到27—28岁，前额叶才能发挥健全的功能和作用。"[1] 所以，人的情绪也会表现出随着年龄的增长而越来越稳定。这也表明，儿童对情绪规则的遵从也必然会受到生理的影响，如果过早地要求孩子控制好自己的情绪，是否也会给孩子造成较低的自我评价和认知呢？所以，抚养者面对那些总也管理不好自己情绪的孩子时，需要懂得付出更多的耐心去提高孩子对事情的正面认知，对改变他们产生负面情绪的几率也许是更好的选择。

三、情绪的社会能力

研究显示，人与他人交往很大程度上是与人的生存状态有关。社会合作让人可以更好地寻求一种和谐的人际关系，获得亲密和爱的感受，这些感受可以让个体感到更安全。而与他人的隔离不仅会影响到人的身心健康，同时也抑制了各种社会的、情绪的和认知的技能发展。然而，人的事业发展不仅是要通过合作和交往，也通常需要与他人保持适当的距离，甚至要与他人或其他群体竞争。它需要在一方面的合作与另一方面的竞争之间的平衡。阿格尼塔和安东尼认为[2]，情绪可以帮助个人或团体建立或维持与其他个人或其他社会团体的合作的和谐关系，也就是说情绪具有"交往功能"。由于社会功能是帮助个人或团体区分个人或团体与他人的区别，并且彼此之间会为社会地位的提升而与他人竞争。所以，情绪也具有"社交距离功能"。这说明人的情绪习惯也会直接影响到人的社会性发展能力。

儿童情绪的社会性发展，是在家庭之中发展起来的。即抚养者的行为、关系内的沟通、与朋辈和兄弟姐妹的互动等都为婴儿和儿童创造了动态的环境，并且随着时间的推移会进一步刺激互动者对彼此的反应。这些互动者的情绪展示对促进儿童情绪的社会性发展发挥了非常显著的作用。情绪反应性既在高度有利的环境中，也会在不利的环境中被提升，但是前者产生了高度适应性的结果，后者产生了障碍性的结果。在儿童成长的过程中，父母与儿童谈论过去的情绪经历会成为促进儿童情绪社会化的一种重要途径，一方面

---

[1] [美] 约翰·戈特曼、崔成爱、赵碧：《孩子，你的情绪我在乎》，东方出版社2018版。

[2] 阿格尼塔-H. 费希尔、安东尼.S.R. 曼斯台德：《情绪的社会功能》，载《情绪心理学》，电子工业出版社2015年版。

可能是因为儿童更容易对与自己有关的情绪事件产生兴趣，另一方面父母的讲述有可能引发了儿童对这些问题的反思，促使他们重新理解过去的重要情绪事件和人际关系事件的现象特征，从而加深了儿童对自我、他人和情绪事件的理解。

一些发展心理学家认为，情绪能力在儿童的社会能力发展中起着重要的作用，社会能力是指在与别人保持积极关系的社会交往中实现个人目标的能力。情绪能力具有三种成分：情绪表达，指经常表达积极情绪、较少表达消极情绪；情绪知识，指正确分辨他人的情绪和导致这些情绪原因的能力；情绪调节，把情绪唤醒的强度和情绪表达的方式调节到个体预想的状态，以成功展现个体自我目标的能力。

研究发现，情绪能力的上述三种成分会影响儿童的社会能力。例如，习惯于积极情绪表达的儿童会更多地表现出愉快，情绪认知也会表现出积极正向地理解他人的情绪表现，也比较善于调节自己的情绪，所以他们更容易得到老师的表扬和喜爱，他们与同伴关系也更好。在情绪理解测验上得分高的儿童，在教师评价的社会能力上的得分一般也比较高，这样的儿童相对容易与同学交朋友和建立关系。在负面情绪调节上有困难的儿童常常会被同伴们排斥，并且容易表现出自控力差、易怒、攻击他人、社交障碍等社会适应问题。

有研究表明，3—4岁的儿童，对情绪的表达能够促进他们掌握更多与情绪相关的知识，有利于提高他们的情绪调节能力。也就是说，比起那些较少表达积极情绪的儿童，积极情绪表达占主导的儿童一般对情绪了解更多，能更好地调节情绪，但是，只有情绪调节能够预测儿童的社会能力。根据幼儿园保育员的评价，情绪自我调节能力强的儿童，社会能力也较强，他们比调节不良的儿童更受同伴喜爱。但是到学前班的时候这种情况就不同了，这时情绪表达能力和情绪知识都能强有力地预测儿童在学前班的社会能力，而情绪自我调节的作用则退居其次。这些结果表明：儿童早期所测量的情绪能力的三个方面（情绪表达、情绪知识、情绪调节），对儿童社会能力的产生具有影响，并且最终对他们的社会适应具有潜在的意义。年幼儿童慢慢懂得了人们期望他们怎样表达特定情绪，抑制或调节少量的不符合社会期望的情绪，懂得了他人表达的情绪的意义，懂得了作为接受者应该怎样对这些信号做出回应，所有这一切都是至关重要的。学会这些，对他们顺利度过儿童期、青少年期和整个一生都起着重要作用。

第四节　青少年的情绪发展

一、青少年情绪的特点

青少年处于身心的迅速发展阶段，由于生理上的变化导致心理上也发生了相应的变化，所以青少年的情绪非常容易波动，应该说是人生中情绪波动最大的时期，也有人把这一时期称作"第二断乳期"，还有儿童心理学家把这一时期称为"消极反抗期"，这些都说明了因为这一时期青少年所表现出言行的多变而令心理学家们对这一时期的心理变化更为关注。青少年时期心理变化的特点多以由于期待与现实的冲突所引发的消极情绪为主。他们的情绪特点一般表现为以下几个方面：

（一）人际敏感导致的情绪多变

由于青少年处于生理快速成熟期，而心理虽然也有所发展和变化，但是成熟程度却远远落后于生理的成熟。他们的外貌（如身高等）几乎接近成人，性器官的发育也基本成熟，但是，他们的阅历却仍局限在未成年的状态。由于生理的变化，使他们会产生渴望追求恋爱与两性亲密关系的冲动，而对如何处理两性关系的知识却所知甚少。虽然现在都在关注青少年对性知识的教育，但是，却很少能够引导他们如何正确处理他们渴望恋爱的感觉与自我价值感之间的关系。他们渴望表现自己，渴望被他人关注，但是，他们又对他人的评价过于敏感，这势必会导致因人际评价而引发的情绪波动。同时，他们在这一时期有可能暗恋他人或开始早恋，而他们的知识量和生活阅历都非常有局限性，在渴望与他人产生亲密关系的同时，他们又不知如何处理他们的情感及亲密关系，这也势必使他们出现情绪易波动的现象。如：他们认为自己处于热恋时心情会很好，而被暗恋对象忽视或与有亲密关系的人产生矛盾时会表现出烦躁而易激怒。

（二）自我期待与现实的落差导致的情绪易低落

由于青少年渴望独立，渴望具有成年人的价值感，他们的自我期待常常高于现实。在心理咨询案例中，有很多有心理问题的初中生会表示他（她）们渴望经济的独立，渴望摆脱父母管教的束缚，严重者还会离家出走去寻求他们所谓的独立生活。这种心态也会让思维比较偏激的青少年被社会上的坏人欺骗，有些甚至还会走上犯罪的道路。当然，青少年的行为与其家庭的教育是分不开的，心理咨询的案例多是问题较重的青少年。而正常的青少年会表现出对榜样的模仿，同时期待自己可以成为那样的人，但是，现实中的自己与自我期待之间常常呈现出很大的差距，当他们应对学习及人际关系遇到挫折时，他们便会容易从自我幻想中出来而跌入失落的深渊。这时的他们往往对他人表现出回避与抗拒，一方面不想让别人了解他们内心的受伤感，另一方面不愿面对并不成熟而略带无知的真实的自己。这也正是为什么他们并不喜欢与成年人说自己的经历以及自己内心的想法，他们并不愿意面对自己因无知而犯的错误，同时也会担心因犯错被成年人责备。

（三）因抗挫折能力差而导致情绪易波动

青少年虽然很关注自我形象，却还没有完全具备正确看待自己所面临的学习和生活中遇到的问题。因为他们的人生阅历比较少，所以遇到的问题往往要比成人多，当遇到挫折时，他们因不能正确评估自己的能力，而对自己过于失望，从而产生强烈的痛苦感。所以，有很多人都会把自己的初中生活比喻成"地狱般的经历"，这并非是事情有多么糟糕，而是他们对挫折的看法导致他们内心糟糕的体验。由于他们自控能力比较差，常会因一些小事而表现得失控，这反过来又会影响他们对自己的评价。所以，他们容易产生没有必要的自责，这种自责会引发他们对挫折的退缩与逃避行为，同时也会因将自责心理投射成为对他人的不满，进而产生多疑、焦虑、暴躁等情绪。

（四）过分强调自尊而容易情绪激越

由于青少年缺乏处理问题的经验，所以，他们内心体验失败的几率会比较高，这时他们会出现自卑感，对自己的过低评价会导致他们因回避痛苦而产生自负的言行，这会让他们表现出强烈的自尊心，过分关注他人是否尊重自己。他们的内心是渴望被认可的，但是毕竟处理问题的能力有限，所以当出现错误而被家长或老师批评时，他们反应会很激烈，还常常表现出过激的言行。对于人际关系的敏感，也导致他们会因一些小事而与同学产生冲突，甚至大打出手。与成年人比，同样外界刺激，并不能引发成年人的过激反应，但是对他们来讲却有可能引起强度很大的情绪反应，甚至达到震撼人心的程度。如曾有过的一个案例：一个初中二年级的男孩子，因为被老师强行拉去剃了光头而自杀。这不能不让我们警觉他们的情绪波动所产生的杀伤力。

（五）情绪容易被外界刺激所感染

青少年往往会强烈渴望成功，这一时期他们的情绪容易被他们认同的对象引领，正如他们会追随他们心目中的偶像一样。喜欢模仿偶像的穿着打扮，喜欢去做偶像做过的事情，他们的情绪也会随着偶像的状态而受影响。同时，他们容易受到文学作品的感染，并会加入自己主观的思考和遐想从而派生出来较为复杂的情绪和情感体验。所以，青少年更适合读一些励志的文学作品或积极向上的艺术作品，这些内容会增加他们实现理想目标的动力。

二、青少年自我意识的发展

青少年会对自己更为关注，甚至会产生"焦点效应"——自己是一切的中心，高估别人对自己的注意度，认为别人高度地关注着自己。并且开始形成心理自我，产生自我角色感，开始评价自己是什么样的人，虽然他们还不能站在客观的角度去看，但是，他们已经产生了了解自己是什么样的人，或将要成为怎样一个人的需要，这表明青少年自我意识已得到了进一步的发展。青少年自我意识的发展主要表现在以下几点：

（一）对自己外表形象的关注

青少年开始对自己更为关注，同时认为他人也都在关注自己。他们的自我意识也体现在他们对自己外表形象上的关注，他们的自我认识会从外向内发展。开始更多地注意和关心自己的外貌，如体形、身高、容貌、服饰等，非常在意他人对自己外表的评价，开始喜欢照镜子，或花很多时间在自己的穿着打扮上，对衣着会有自己的偏好和兴趣，不再愿意接受父母对自己着装的建议和安排，他们开始有意识地设计自己的形象。同时也更加关注自己外表形象上的不足，比如担忧脸上出现的斑点或粉刺，女孩子会担心自己发胖，男孩子会顾虑长得矮等，他们还会因此而背上沉重的思想包袱，表现得闷闷不乐。

青少年对自己外表的关注程度，一般会随着年龄的增长而减轻。随着他们对事物认识客观性的提高，他们对自我认识也会更为客观。他们会逐渐习惯和认可自己的外表，并把注意力更多地转向对自我能力的提高上。

（二）对自己内心世界的关注

青少年意识活动会更深入地指向自己内心世界。他们开始在日记中分析自己，会把自己当成世界的中心，而外部世界只是他们主观体验的对象。他们的内心感受都以自己主观体验为主，有时还会忽略外部世界的真实性。他们对自己内心世界的变化非常敏感，有时还会在日记中夸大自己的内心体验。有心理学家在不同国家对不同年龄的儿童作过测验研究，他们要求被试的儿童读一篇未完成的故事，让儿童根据一幅图编写一个故事，结果年龄小的儿童通常会描写动作、行为和事件，年龄稍大的少年和青年则主要描写人物的思想和情感。这项研究表明，青少年已经开始关注他人的状态和自己的内心体验。然而，青少年对内心的关注往往是封闭性的，由于他们的内心世界并不稳定，所以他们不愿意让成人了解他们的内心世界。但是，他们会愿意对同龄人敞开内心，并渴望得到同龄人的关怀和理解。

（三）对自尊和个性的关注

由于青少年已形成了自我独立意识，他们希望自己在团体中被他人认可与尊重，并且会因为是否被他人认可与尊重而产生强烈的情绪反应。他们渴望得到别人的好评，不愿意让别人看低自己。他们强调自己的个性，强调自己与众不同的某些特点，同时也希望得到他人的认可与鼓励，会以各种方式表现自己，表现出争强好胜。但是，由于他们抗挫折能力较差，容易受挫折和他人的评价影响。自尊过强，而他们的自尊体现往往带有极端性，顺利时会表现出喜悦与自信，不顺利时则会表现出烦躁与自卑。虽然他们有强烈的自尊心和自我独立意识，但是他们的愿望往往与真实能力存在一定的差距。

（四）对自我评价与自我控制能力的关注

青少年开始更多地关注自我评价，并且会对自我的言行加以审视与思考，虽然这种审视与思考还带有更多的主观性，但是他们却可以从中提升自己对自己言行作用的觉察力。这种觉察会让他们行为的冲动性逐渐减少，情绪感受也会渐渐变得理智，并会有意识地调整自己言行的状态，自我控制力会在不断自我省思中得到提高。同时，青少年的自我评价还会逐渐从对自我外表形象的评价扩展到对自己的社会活动、社会名誉的评价。随着他们思想的日趋成熟，他们逐渐能够独立地评价自己的内心品质，评价行为的动机与效果的一致性情况等，这让他们自我评价的主客观辩证统一性有所提高，并且他们对自己的评价随着年龄的增长，评价内容的稳定性也会增加。

（五）对自己生命意义的思考

青少年能够理解时间的含义，并且他们对自己所做的事和周围发生的事情都会有自己的思考和理解，当他们遇到挫折或个人的志向追求受阻时，他们会进一步探究生命的意义。在心理咨询案例中，处于青少年时期的初中和高中生讨论生命意义的话题最多。他们可以理解时间的不可逆性，也已经体验到时光流逝对于生命的意义，并且会因为周围一些年长者的离世而引发对自己生命终极的恐惧，他们更渴望了解自己生命存在的价值，渴望有能力去实现他们自己的理想。他们会思考他们的人生要如何度过，会去寻找能够让自己认同的名人作为自己的偶像，并且会以偶像的成就作为自己人生的奋斗目标，让自己生活得更充实，以避免去关注死亡而产生恐惧。在这一时期，当他们个人学业或人际关系受阻后，最容易引发他们自残或自杀意向与行为的出现。

（六）对成年人权力感的追求

随着青少年身体的发育、知识面的扩大和对社会地位意识的变化，他们渴望拥有更多成年人所具有的权力，比如，经济可以独立自主，不再受家长的管束，可以自由地参加一些社会性的活动，结交更多的成年人等。他们也会因此而把自己看作成年人，有些青少年还会刻意地模仿成年人的举止，如吸烟、喝酒、开车。在社会交往中会要求与成年人有同等的地位和权力，对成年人居高临下的态度很反感，并常因此而表现得叛逆，不愿听家长或老师的教导。如果家人或老师能够以尊重的态度对待他们对成年人权力的追求，他们反而会更容易被引导走向真正的成熟。

在心理咨询案例中，青少年的心理咨询比较难建立起良好的咨访关系，但是，一旦相互信任的关系建立起来，他们对咨询内容的接纳度就会非常高，家长们反馈他们的变化也会非常快。所以，青少年最需要的是被尊重和理解，放下心理防御后，他们对教导的接受度会很高，行为的改变也会比成年人更快、更好。

三、大脑发育对青少年情绪控制能力的影响

关于青少年情绪方面的脑机制，给我印象最深的是《孩子，你的情绪我在乎》[1] 这本书。它讲述了脑发育对人情绪的影响。作者认为，青少年的"大脑"与儿童的"大脑"及成人的"大脑"都有区别，而主管人们思考和进行判断的是脑的"额叶"部分。人在十三四岁时，脑额叶会出现"全新的结构改造"，所以，会出现暂时的混乱期。研究者认为这时大脑回路没有完全连接好，大脑在"重塑工程"完工前，青少年很难进行全方位的思考，让他们很好地完成对事物的判断和决策，他们会感到吃力。

处于青少年时期，做出一些让成人难以理解的怪异行为，大部分也都是大脑的额叶部分正在进行重塑的结果。青少年的额叶正处于尚未连接好的混乱状态，所以他们很难与成年人一样把事物看得更全面。但是成年人往往会误以为

---

[1] ［美］约翰·戈特曼、崔成爱、赵碧：《孩子，你的情绪我在乎》，李桂花译，东方出版社2018年版。

孩子的大脑已完全发育好，同成年人是一样的，所以，会以成年人的标准要求孩子更理智地对待自己的生活。这就会导致青少年们无法真实做到家长们所要求的样子，而青少年又存在叛逆的特性，亲子之间必然会产生矛盾冲突。研究者认为这些冲突大部分都是源于家长对青少年时期大脑发育的错误认识。并希望家长们可以了解孩子们大脑发育的"真相"。

（一）"情绪大脑"控制额叶的扩大重塑

研究者把青少年时期大脑重塑工程的工作方式比喻成房屋的扩建。青少年的大脑额叶正在建造更宽敞而结实的房屋。在这个时期，每天都会不断地形成新的神经元，使大脑的灰色神经组织在一年时间里增大两倍。其中，被标印为记忆的内容会保存下来，而从未应用过的内容将会被消除留出空间给有用的记忆。为了达到更好的"重建效果"，需要配置更优质的"材料"。这些优质的材料包括：学习到的新知识，还包括读书、看电影、旅行、与人交往获得的信息和新的生活体验等。所以，这时家长最好可以让孩子参加更多的社团活动，增加更多积极的生活经历，避免强迫孩子做他们不愿意做的事情，否则这些"材料"反而会更容易让孩子陷入到心理创伤中，变得更为脆弱。

研究者认为新生儿的大脑约有一千亿个神经元，这些神经元都会通过感受性经验而得到发展，丰富多彩的经历与体验会增加神经元的活动，外界的刺激越充分神经元也就越活跃，主管情绪的大脑也就越发达。

（二）青少年的反复无常是他们生理发育的现象

我们已经了解青少年的情绪往往易波动、不稳定，一些小事都会引起他们大的情绪反应。研究者认为青少年情绪起伏大的表现，有可能是因为主管情绪的大脑正处于活跃期，也可能是因为青春期调节情绪的血清素①分泌不足导致的。研究表明，青少年血清素分泌量比儿童和成年人少约40%。作为成年人，如果其血清素分泌量比平时减少了约40%，将被诊断为抑郁症患者。由此可见，血清素大大低于成年人的青少年，时常感到情绪不稳定、起伏大也就不足为奇了。

所以，家长们需要了解青少年激素分泌的特点，以便更好地理解孩子情绪波动的原因，当孩子情绪失控时，需要懂得安抚孩子，帮助孩子平静下来。从

---

① 血清素是体内产生的一种神经传递物质，存在于一些植物和菌类中。但有著作表明有营养物质可参与合成血清素，这些营养物质包括色氨酸（一种氨基酸），Ω-3脂肪酸，镁和锌。血清素会影响人的胃口、内驱力（食欲、睡眠、性）以及情绪。

这些生理特点来看，青少年的情绪变化无常、易激动是一种正常现象，家长需要以宽容的心态对待孩子，同时也需要让他们自己对自己更了解，以提高他们对自己状态的觉察，更好地引导孩子健康成长，让孩子大脑的"重塑工程"进行得更顺利。

四、家庭环境对青少年焦虑情绪的影响

（一）家长的期望

因为当代家庭孩子比较少，往往独生子女比较多。所以家长容易过分关注孩子的生活，有些家长还会将自己未完成的理想寄托在孩子身上，这势必会让孩子感到压力。青少年对自己的未来会有自己的期待与设想，如果家长过分强求孩子按照他们所期待的样子发展，孩子会感到被束缚，反而容易反抗家长的安排。还有一些家长完全不并考虑孩子的实际情况，一味地给孩子报班补习，期望孩子能够考上好的学校，能有一个他们认为好的未来，而当孩子无法达到家长的期望时，则会增加对孩子的管教，同时也会表现出失望情绪。这些都会让孩子的心理负担加重，同时也会影响到他们对自己能力的评价。还有一些孩子会因为无法实现父母的期待而产生自责，同时也会因为父母认为他们的安排是对孩子最优选择，而当孩子意识到无法实现这种高期望时，就可能对未来产生恐惧，进而产生焦虑情绪，有些孩子还会出现较为严重的心理问题。所以家长需要根据孩子的实际情况去引导孩子健康成长。

（二）家庭的教育方式

家庭的教育方式会直接影响孩子的情绪状态。有些家长由于缺乏自我情绪管理意识对孩子过于专制粗暴，与孩子的沟通常以批评指责为主，这必然会导致不良的家庭情绪氛围从而引发孩子的焦虑情绪。由于家庭是青少年寻求归属与被支持的地方，所以家长们所表现出来的教育方式，会直接影响到孩子对自己及他人的态度。不良的家庭教育方式会产生不良的后果，青少年常会因父母过于专制而抗拒父母的教育，在情绪上也表现出较大的波动，这让孩子的状态与健康的发展背道而驰。还有一些家长因青少年的逆反态度而对孩子出现的问题置之不理，导致孩子在遇到困难时得不到及时的引导与帮助，这也同样会加重他们对自己未来发展的担忧，进而产生焦虑情绪。

（三）家庭的经济状况

根据人口学的相关调查，在青少年群体中，有接近 1/5 的在校中学生家庭经济困难，这些贫困生最容易产生焦虑情绪，而且是心理问题的多发群体。家

庭收入是青少年的主要经济来源，处于青少年时期会增加人际交往及自己生活所需品的支出，从而使其对经济条件更为关注，也会更多地关注他人的经济状况，并且容易进行对比。面对经济条件优越的同学，他们在心理上会出现一定的落差，一些心理素质较差的青少年会产生自卑和压抑感，进而会对生活产生悲观情绪，由于心理上的落差，他们不愿意寻求他人的帮助，在出现问题时不能及时地宣泄自己的不良情绪，这样就造成不良情绪的积压，影响自己的身心健康。

五、青少年情绪管理的意义

前面已介绍青少年的情绪容易产生较大的波动，而且由于他们的身心发展特点，更容易产生消极情绪。虽然，这是他们成长过程中必经的状态，但是，这一时期也是他们学习各方面技能的最佳时期，情绪管理也是一项技能，在他们情绪波动最大的时期学习自我情绪管理将对他们更有帮助。一方面可以让他们学会及时觉察和调节自己的情绪，另一方面也可以让他们在成长中学会管理好自己的情绪以便让自己生活得更健康。

为什么要管理好自己的情绪？因为消极情绪会影响到人的身心健康。美国哈佛大学最受学生欢迎的心理学教师塔尔曾提到，人约有 80% 的疾病是由不良情绪引发的。有研究证实，情绪高度紧张时，会出现"意识窄化"的现象，所以，消极情绪也会影响学生的学业成绩与自我价值的实现。情绪对人更直接的影响还会体现在人际交往状态，消极情绪往往会妨碍人际关系的和谐。

情绪不仅会影响青少年个人的成长与发展，还会影响家庭氛围和与学校里老师和同学的相处，这势必会间接地影响学校的教育教学工作，乃至影响整个社会的和谐发展。因此，加强青少年的情绪管理具有现实的意义。对青少年进行积极有效的情绪管理，有利于促进青少年身心的和谐发展；有利于青少年建立良好的人际关系；有利于提高青少年学习的积极性和对自己的自信心；有利于塑造青少年健全的人格，使其与家庭、学校乃至社会成员关系更和谐，减少青少年对他人和社会的不良行为，促进整个社会的和谐发展。

六、青少年的亲子教育[①]

很多父母因孩子处于青春期而与孩子交流不畅，常问"要怎样与孩子沟

---

① 金铉春：《中国教育报》2018 年 5 月 31 日，第 10 版。

通，孩子才能听我的话？"其实，这种想法本身正是他们与孩子交流不畅的原因。家庭教育的目的不是为了让孩子听话，而是帮助孩子健康成长，帮助孩子以自身的特点去发展自己。

青少年需要的是友谊型父母，而不是处处干预管制自己的父母。青春期青少年更渴望得到他人认可与帮助。如果父母一味希望孩子听从自己的说教，必然会与孩子产生冲突。父母要了解孩子的身心发展特点，耐心倾听孩子的想法，以平等的姿态倾听孩子的心声。

（一）帮助孩子确立自我同一性

埃里克森认为，孩子12—20岁时的危机是完成自我同一性，克服角色混乱感。如果这一危机成功得到解决，就会形成忠诚的美德，顺利完成自我统一的发展任务。如果危机得不到解决，就会形成不确定性，出现角色混乱感。埃里克森认为，在这个从童年期向青年期发展的过渡阶段，孩子必须仔细思考全部积累起来的有关他们自己及社会的知识，最后致力于某一生活策略。一旦他们这样做，就获得了一种个人的同一性，长大成人了。获得个人的同一性，标志着这个发展阶段取得了满意的结果。

当孩子进入青春期，父母所面对的实际上是婴儿期、儿童期、学龄初期和学龄期四个阶段家庭教育的整体结果，而并非单纯处于青春期的孩子。孩子的成长是长期连续的过程，此前孩子很可能已存在很多问题，孩子的自我主张和逆反情绪并非只与青春期有关。进入青春期后，由于生理及心理的发展特点，孩子表现得不再那么服从，也不再那么有耐心。控制欲强的父母会与孩子发生强烈冲突，有些孩子会以粗暴的言行回应父母，甚至会离家出走。这些是父母缺乏正确的家庭教育理念，缺乏以尊重为核心的平等交流意识，不能很好地换位思考体谅孩子的感受所导致的。也有很多父母会与青春期的孩子相处得很好。他们比较尊重孩子，能与孩子平等交流，在倾听孩子想法的同时，善于表达自己的感受和经验，成为青春期青少年的朋友。

父母是否善于与孩子交朋友，是帮助青春期青少年确立自我同一性的关键所在。

（二）正确对待孩子的心理防御机制

青春期青少年的自我角色感往往来自对自我角色的想象，很难与现实中的自己统一起来。对自己的完美幻想，令他们更加觉得现实中的自己难以接受。这种失落感会激发起本能的破坏力，并常常指向自己最熟悉的人，受挫后对他人或同学乃至自己的亲友产生攻击性言行。有些孩子虽不敢做出攻击性的言行,但与父母互动时会以沉默作为反抗,行为上表现出"你让向东我偏往西"的倾向。

因为个人认知的局限,很多父母难以对孩子实施真爱的行为。有些父母头脑中存在着一个致命的认识误区,即认为自己的经历和体验绝对高于孩子。其实,孩子所处的时代与父母所处的时代不同,他们的经历同父母有很多差异,父母以往的经验往往不适合现在的情况。如果父母承认自己的认识存在盲区,以平等的态度与孩子交流,孩子会更乐于敞开心扉;如果父母抱着建议的态度,而不是以训斥孩子的错误为前提,孩子会更容易考虑父母的建议。

青少年对于父母言行中的控制意识会特别敏感。当他们感觉被束缚时,会认为听父母的话就意味着失去自我,自我价值保护意识会让他们极力抵御外来的控制。如果父母不了解他们的心理防御机制,就可能面对一场言语冲突的较量,或者一场难以打破的沉默僵局。

能否成为友谊型父母,与父母自身心理成熟度相关。孟子说过,"爱人不亲,反其仁;治人不治,反其智"。面临无法解决的亲子关系问题时,父母应学会更多地从自身找原因。在与孩子沟通的过程中,以不带个人主观偏激倾向的态度对待孩子,不贬低,不浮夸,接受孩子本真的状态,引导孩子从接纳真实的自己开始,学习以勇敢的心面对世界、面对自己的缺点、面对人际关系中的挫败。

(三) 关注心态、关系和技巧

保持平等良好的心态。与孩子互动交流时,以关怀孩子为基本态度,尊重孩子的感受,接纳孩子不成熟的表现,把角色调整到朋友的平行角度,尽可能以中立平等的心态对待孩子的言行。

建立良好的亲子关系。亲子关系是互动交流的基础,基础越坚实,沟通的效果也就越好。可以多用目光交流,交谈中,真诚的目光会让孩子感受被关怀、被爱;多用一些肢体的亲密接触,让情感在接触中自然流露,增进彼此的接纳度;多参与孩子的文体以及集体亲子活动,以增强孩子的伙伴感,使孩子更容易对父母说出真实的内心感受。当父母情绪不好时,真诚地表达自己的内心感受,以获得孩子的理解,同时也让孩子学会体谅他人。多关注孩子对父母的积极言行,当孩子对父母表达关爱或帮助父母做事后,要及时对孩子表示感谢,使孩子在感受到自己价值的同时强化孩子对他人感恩意识的体会和认识。

运用良好的沟通技巧。学会换位思考,多回忆自己处于青春期时的感受,用孩子年龄阶段的语境与孩子对话,让孩子感受到亲切与平等。对孩子的感受及时给予充分共情，比如"嗯，是让人感觉难受""确实让人感觉有些过分了""的确让人感觉有些压抑""是让人感受不太好"等。给孩子建议时，需要思考给出的建议是否只是自己的意愿，是否考虑到孩子的接受能力及孩子的实际情况。注意教育孩子的方式和语言，当孩子犯错时，尽量只纠正，不责备，以朋友式的语言给孩子合理的解释和建议。

沟通时需要观察孩子的情绪变化。当孩子情绪波动比较大时，及时让孩子充分表达自己的意见、判断和感受，让孩子在交流过程中发泄自己的负面情绪，理清自己的思路，进而自己找出解决的方法。

父母是家庭教育中最主要的引导者和参与者，在陪伴孩子成长的过程中，需要不断提高自身修养。在孩子出现人生困惑时，友谊型父母较有能力帮助孩子。如果父母感觉自身能力不足，要及时寻求专业人士、专业机构的帮助，以便更好地帮助孩子完成青春期自我同一性的成长，帮助孩子顺利地过渡到独立健康的成年早期阶段。

第五节　影响情绪形成的因素

一、语言表达能力对情绪的影响

维果茨基认为语言具有调节思维与行动的功能，并且他观察到儿童在遇到困难任务时，自我中心语言成倍地增加，说明儿童运用自我中心语言来帮助他思考。也说明了语言的重要性，而这些可以帮助儿童解决困难的语言，都是通过成长中学习所习得的语言，这些语言会逐步内化为内部语言，也是一种具有思考性的语言。而情绪的表达需要语言，那么，语言的表达能力也必然会影响到人对情绪的表达和体验。正如友好的语言表达可以引起积极的情绪，而不友好的语言则会引起消极的情绪。

语言表达能力是指运用语言表达自己真实想法与感受的能力。那么，语言表达能力强的人是不是就是很能说的人呢？比如主持人、教师、演员等。其实，语言表达能力并不完全是语言运用能力，语言表达是有传达的意思，这种传达是对个人思想的一种表述与传达。所以一个很好的主持人、教师、演员等，他们只是在不断练习后掌握了语言组织与运用能力，但是，对于个人的感受及想法的表达却不一定准确。比如，一个很优秀的教师，把自己的课讲得很精彩，但是，回到家却总是处理不好与妻子的关系，这是为什么呢？正如他的讲课水平是在练习中得以提高的，能否准确地表达自己的感受也是需要经过练习，正如我们前边讲到的，如果孩子是在一个经常谈论情绪感受及应对的家庭当中成长起来的，就容易学会表达自己的想法与感受，也容易处理好自己在人际交往中的情绪状态，毫无疑问这样的孩子情商会比较高，相对在人群中也会比较受欢迎。因为只有懂得如何表达自己内心感受的人，才更愿意去了解他人的内心感受，而这一切只有通过语言的表达才能得以实现，这足以说明语言表达能力对人情绪状态会有着比较重要的影响。

在心理咨询的个案中，我们常常看到情绪波动很频繁、幅度又比较大的人，几乎都是不善于表达自己内心真实感受的人，当与这样的人深入讨论时，他自己会表示自己也不是太清楚自己为何会在某件事情上发那么大的脾气。这说明，一个人对自己内心感受的表达能力常常决定着人的情绪感受，一个能比较恰当地表达自己感受的人，很容易表达清楚自己的意图，受阻的感受就会少，相对因被误解而产生的失落感也会少。如果，一个人对感受的表达能力比较差，当他很难说明白自己想做或想说的内容时，受阻的感受就会比较多，相对因被误解而产生的失落感也会多。这样的人情绪容易低落，对外界的看法也容易负面，会认为没有人可以真正了解他。

什么样的语言表达才会对情绪管理有益处呢？首先，能够说明白自己产生情绪的原因，而后可以运用正确的语言词汇表达自己的想法和意图，同时又不会伤害到他人。这一过程是非常复杂的，与人的成长背景中情绪语言词汇的积累有着非常重要的关系，也存在着内部语言对话所产生的影响。从整体的角度看，人的语言表达更多地运用在与他人互动时，所以，在表达时需要关照听者的感受。在整体表达的过程中，良好的表达有一个共同点：不使用批判性的语言。因为批判性的语言，非常容易激起对方的防御心理，很可能会引来对方具有攻击性的语言词汇，也就不可避免地引起情绪的波动。

正如我们自己所体验到的，我们的语言分为外部语言和内部语言。外部语言就是我们与他人交流时所说的语言；内部语言是我们在心里对自己说话时的语言，多是以思想的形式存在。内部语言对自己的影响力比较大，外部语言对他人及他人对自己的态度的影响力比较大。但是，有时内部语言对话会直接影响外部语言的表达以及外在行为表现，所以，内部语言表达习惯对人的情绪状态影响更大。

我们来看一个案例：

一位20多岁的女求助者前来咨询，当时她刚参加工作不久，因为人际关系不良前来求助。下面是咨询对话记录：

咨询师习惯性地问："你同父母的关系好吗？"

来访者说："很好，他们对我都非常好。"她说话时，语气很温和。

咨询师说："我看到你来访的目的是解决人际关系问题，是因为与人相处不好吗？"

来访者说："主要我觉得好像别人都讨厌我，所以我不想去上班，每次上班都会感觉上不来气，感觉自己身上有股难闻的味。"

咨询师说："你与同事发生过争吵之类的事情吗？"

来访者说："没有，实际上没有发生什么事。"

咨询师说："你工作了多久？你为什么认为自己的人际关系是有问题的呢？"

来访者说："我感觉自己很笨，别人告诉我的事情我总是忘这忘那的，从他们看我的眼神里可以看出来，他们讨厌我。"

咨询师说："有人对你说什么了吗？"

来访者说："没有，他们很少和我说话。"她表现出情绪很低落。"我不想去上班了，只是回家与我妈妈说，她说现在工作不好找，所以让我坚持，但我真的感觉很累，很难受。"

咨询师说："你上班多久了？"

来访者说："一个多月。"

咨询师说："是你自己想过来咨询的吗？"

来访者说："是我妈让我来的，她希望我能继续工作。"她表现出一脸的无奈。

咨询师说："那你认为自己有必要过来吗？"

来访者说："我也觉得有必要。"虽然她这样说，但她仍然表现得比较沉默。

咨询师说："我想了解一下你对自己的看法。"

来访者想都没有想就说："很没用，很笨，没头脑……"

咨询师说："你好像不喜欢自己。"

来访者说："是，我是不喜欢自己。"

咨询师说："所以，你觉得别人也不喜欢你。"

来访者看了看咨询师，没说话。

咨询师说："人很多的时候都会带着自己内心投射去看别人，自己觉得不好的，认为别人也会觉得不好。如果自己容易对他人产生看法，也会觉得别人容易对自己产生看法。所以一个人对自己的评价会影响自己对他人态度的理解。你觉得我说的对吗？"

来访者说："也许是吧。"

咨询师说："每个人在学习新的知识或技能时都会有一个适应过程，不可能马上就学会。所以进入新的岗位，都需要一个过程。只是有些人需要的时间短一些，而有些人则需要的时间长一些。但是一旦掌握了，结果都是一样的。如果太在意别人的评价，可能就总怕自己表现不好，反而让自己做事情时不能够很专注，比较难去做好，所以有可能表现得会比较慢。"

来访者很认真地听着，并若有所思地说："我就是这样。"

咨询师说："我感觉你对自己的评价比较负面，所以，当你自己做不好事情的时候就会比较自责，你觉得我说得对吗？"

来访者说："是这样。"

咨询师说："所以，当你自己做不好的时候，你首先会觉得别人会不喜欢你，因为有时候在你表现得不够专注时，别人有可能会不太高兴，这种不高兴的态度，就会让你认为别人不喜欢你。如果你平日比较内向，你就有可能变得比较沉默，不能很好地去表达对自己所犯错误的歉意。这样气氛可能就不是很好，让人感觉比较压抑。"

来访者表现出很感兴趣的样子："就是这样。您怎么知道的？"

咨询师说："人的互动是有一定规律的，而且他人对自己的态度很多时候都取决于自己对他人的态度。你是一个看上去很文静的女孩子，而且对人也很友善，只是对自己的评价比较负面。所以，当你感觉别人讨厌你时，你很可能会比较沉默。这样就会让人不知道对你说什么比较好，所以气氛就有可能变得不太好。其实，做不好时，说一句道歉的话，别人大多是不会介意的，而且也会理解新人学东西都需要过程。不过，现在你能做的就是让自己上班前心情愉快起来，工作的时候做事积极一些，别太在意别人的态度，尽量把精力放到要做的事情上。"

来访者说："我也想做到积极一些，但是就是做不到。"

咨询师说："慢慢来，需要一个过程。首先，需要相信自己可以做到，只是需要给自己一些时间去学去做。因为无论你去哪里工作，都需要经历这样的过程。虽然你学得有些慢，但毕竟在这里已经学到了不少东西，只要认真去做总会把工作做好，你觉得呢？"

来访者说："那我要怎么做呢？"

咨询师说："从建立一个好的内部对话开始。遇到自己做得不好时，默默对自己说：'没关系，认真做总能做好。'这样你的态度就会变得积极一些，你的态度积极了，其他人也就容易接近你了，多对别人表示感谢会更容易交到朋友。"

来访者说："好吧，我试试。"

之后又谈了一些工作上的具体问题。也谈到了她与父母的关系，她妈妈比较强势，很少听她说自己的感受和想法。而且在家时很多生活中的事情都替她做了，包括工作也是她妈妈给找的。所以，她自己的生活能力比较差，学习操作性的知识会比别人慢一些。她对自己的评价多是她妈妈的评价，她妈妈虽然在生活中对她的照顾比较多，但是，她感觉妈妈一点也不喜欢自己。（这也是交流太少所引发的误解。）

在这个案例中，这个女孩子的内部语言表达基本都是负面的："我很没用、很笨……"这些都是负面具有批判性的词，她不仅内部语言表达是负面的，同时也不能很好地运用外部语言表达自己的感受。如：她不能及时对他人表示歉意或感谢等。她的内部语言表达内容，让她难以正确理解他人对自己的态度。从她的家庭关系中，我们已经看出问题的原因，她很少与妈妈交流，同时她妈妈过于包办代替她的事情，很少关心她的想法，几乎从不谈论关于情绪方面的话题。所以，她所体验的情绪低落、压抑、不开心和想要逃避，这些感受都源自于她的内部语言表达习惯。

人在成长过程中，如果很少与父母交流内心感受，就容易在遇到不开心的事情时选择用情绪宣泄的行为方式来引起父母的重视，如：摔东西、拒绝和父母说话等，这样似乎会让人好受一些，毕竟得到了他们的"关注"，即便这样做有可能引来更多的责备，但是，总比主动与父母说而被父母"忽视"更好过一些。这是因为很多家长没有耐心坐下来听孩子们表达他们的内心感受，所以，也就不可能教会孩子通过语言表达自己产生情绪的原因。更多的时候，家长会要求孩子听他们说话，所以这种谈话方式会让孩子觉得自己说什么都没有用，父母是不会理解的，而父母说话时又不让反驳，这样一来，当孩子心情不好时他们会怎样做呢？只能沉默地用情绪来表明态度。比如表现不高兴，或很烦躁，有时会愤怒等。在这时，懂得尊重孩子的家长看到这些情绪表现后会主动问一下孩子的感受，并且停止指责性的谈话；而不懂得尊重孩子的家长就有可能会因为这些情绪表现说得更多，表现得更为严厉，让孩子认为也许压抑情绪不表现出来会是更明智的选择。但这种压抑却会引发低落情绪，产生无能感，容易失去生活乐趣，再极端些就容易激发死亡驱力，导致一些悲剧的发生。如果父母在看到孩子情绪变得糟糕并且言行变得无理后，对孩子的表现比之前更好一些时，孩子就有可能会形成一些处理事情的态度：不说出自己的感受，但会以一种情绪的形式发泄自己的不满。如同一些夫妻，相互间不正面谈论自己对对方言行的不满，而是会就一些小事大发脾气，以此来发泄自己内心中的不满情绪。这就是原生家庭习惯的延续。

回避用语言来表达情绪产生的原因，会导致用宣泄的方式伤害与自己有亲近关系的人。因为这种发泄的方式并不会让对方明白他做错了什么，反而会让他觉得你的行为是不可理解的，这样一来，什么问题都没有解决，只留下一次又一次的相互伤害。因为对方也会因为不理解你为何发脾气而产生负面情绪，这也是一种恶性循环。所以这样的方式对亲密关系是有害而无益的。

还有一个案例，应该很好地说明了家庭中关于情绪方面的交流和个体语言表达能力对情绪状态的影响。

一个男孩儿，小学四年级，因为把同学的脸打破，并且伤口非常接近眼睛，父母非常害怕孩子这样下去会发生更严重的事情，所以，前来咨询，并希望孩子能够改善这种易怒而大打出手的情况。

咨询师问："发生了什么事情，你父母会这么担心地带你来咨询？"

来访者说："我在学校把同学打伤了。"

咨询师说："为什么要把他打伤呢？"

来访者说："他当着全班人的面笑话我。"

咨询师说："他笑话你？为什么？"

来访者说："他说我很蠢，连桌子都不会收拾。"

咨询师说："他说你不会收拾桌子？你就打他了？"

来访者说："不是，他坐在我的前面，平时总喜欢回头动我桌子上的东西，我不让他动，他也不听。这次，我在下课时看到他在用我的笔，我说那是我的笔，他说他是在地上捡的。我说你捡的是我的笔，他说谁让你的桌子总是那么乱，蠢到东西掉了都不知道，还大笑。其他同学也跟着笑，我当时气急了就打了他，没想到书包链子把他的脸打破了，还去医院缝了针。爸爸妈妈就带我来这儿了。"

咨询师说："他平时是不是很喜欢说话啊？"

来访者说:"是个话痨!"

咨询师说:"你说不过他吧,所以很生气。"

来访者说:"是,他说话可气人了。"

咨询师说:"平时你如果让爸爸妈妈生气后,他们会怎样?"

来访者说:"他们会打我啊!"

咨询师说:"他们打你之后,你会变好吗?"

来访者说:"不会,我到时还是控制不住自己。"

咨询师说:"你会对他们说你总是控制不住自己犯错吗?"

来访者说:"不会,他们很少听我说话。"

咨询师说:"好,我们再回到刚才的话题上。我们来看一看,关于这件事情是否可以有不同的结果。"

来访者说:"嗯。"

咨询师说:"当时他对你的态度让你很生气,并且其他同学也跟着他一起嘲笑你,这让你无话可说。但是,你又不能就这样算了,因为你很生气,于是你打了他,这样似乎让你痛快些。可是,把他打坏了,被老师找家长,并且还花钱给他看病,这样一来,老师也会对你产生不好的印象,而父母也会生气,这对你来说是弊大于利的事情。虽然你打了他,让他受到了惩罚,但是你打他他也会还手打你,所以从中你没有得到任何好处,反而给自己添了很多麻烦。你觉得呢?"

来访者说:"是。"

咨询师说:"如果你当时换一种方法,用说,而不是用武力来处理这件事,看一下会有什么样的结果呢?比如:当他说:'谁让你的桌子总是那么乱,蠢到东西掉了都不知道。'并且还大笑时。如果你没有生气,而是说:'桌子乱不乱是我的事,而你拿的就是我的笔,你不仅不归还,还笑话我。真是不懂得做人的道理。被笑话的人应该是你才对!'你觉得这时同学们会怎么想?"

来访者说:"同学也会认为是他的不对。"

咨询师说:"是啊,原本这件事情做得不对的人是他,但是由于你打了他,这一切的结果就转到你不对的地方了,因为你做得不对的事情要大于他做得不对的事。所以,再遇到事情时需要学会用说来解决。你觉得呢?"

来访者说:"好,可是我一急就说不出来,而且,我不知道怎样说才对。"

咨询师说:"没关系,慢慢来,遇到事情可以多与爸爸讨论怎样处理才会更好。"

来访者说:"我爸不听我说话。"

咨询师说:"我会和他谈一下,他以后会听你说的,并且给你一些好的建议。因为爸爸妈妈永远都是最关心你的人。之前他们只是不了解怎样对待你才是最好的。"

之后,咨询师与他父母谈了关于他的问题及建议。同时,也建议他们对待孩子的态度要更耐心些,并且尽量不要当着孩子的面争吵。这个孩子做了系统的咨询疗程,随着语言表达能力的提高,问题也越来越少,与同学的关系也得到了很大的改善。

在一个可以正常交流的家庭中,父母会说出自己的感受及对孩子的期望,同时也会给孩子表达自己的机会,所以这样的孩子长大后容易与人交流自己的内心感受,也容易获得他人的理解,不良情绪就会少。与父母互动的经验会让孩子相信他人具有友好与合作的态度,这种信任,更容易影响他人以友好与合作的态度对待自己,所以容易建立与他人良好的人际关系,而不容易产生不良的情绪。所以,良好的语言表达能力是沟通的基础,而良好的沟通是减少不良情绪的最佳方法。所以,语言的表达习惯会直接影响情绪的产生和情绪的外在行为表现。

二、意志力与身体健康对情绪的影响

(一) 意志力对情绪的影响

意志力是个体在为达到活动目标的过程中体现出来的不断克服困难、努力实现预定目标的意志品质。它主要包括对活动目标兴趣的稳定性和努力的坚持性。

意志力水平是在人格成长的过程中不断形成的,所以,意志力与人格特征有关,以大五人格①为例,一个人的责任心越强,意志力也就会越强,因为责任心常常是坚持做事或学习的内在动力之一;而人的神经质越强,意志力水平也就会越低,因为对外界事物过于敏感会导致注意力水平下降。意志力与其他人格特征也具有一定的相关性,如宜人性,一个人的意志力水平比较高,就容易形成良好的学习习惯,这样的人往往执行能力比较强,自控力水平比较高,容易管理好情绪而善待他人。在这一过程中,意志力水平高的人,容易表现出

---

① 大五人格:责任心,宜人性,开放性,外倾性,神经质。

更多的积极情绪状态，并且对挫败的耐受力比较好，善于关注问题的解决，所以，面临生活问题时，意志力水平高的人会比意志力水平低的人更容易恢复好的心境。意志力会通过注意力水平来实现对人心理及行为状态的影响，在这一过程中认知能力也起到了举足轻重的作用。

那么人的情绪状态是否也会反过来影响人的意志力呢？答案是肯定的，良好的情绪状态会促进意志力水平的提高，也可以成为意志行动的动力。比如激越的情绪容易推动人克服困难，突破自身的弱点，这是情绪的正向影响力。很多企业关注员工情绪状态对工作效率的影响，这也正是情绪管理对社会整体发展影响力的体验。不好的情绪状态，也可以成为意志行动的阻力，比如人在情绪低落时会表现出不愿意做事，对自己所做的事情没有信心等。

正如我们看到的一样，意志力与家庭教育有着直接的关系，一方面，孩子会从家长的身教中模仿家长做事的态度，另一方面，当孩子遇到挫折时家长如果能够正向多鼓励孩子自己去面对与解决困难，会促进孩子意志力品质的形成，所以，个体人格方面的问题往往会通过情绪习惯体现出来，而这一切也是家庭及社会教育的结果。

（二）人的身体健康对情绪的影响

人的身体健康情况对人情绪有着直接的影响，在同等条件下，身体健康的人比身体不健康的人更容易恢复正常的情绪状态。有慢性疾病患者的家庭成员，一定会有这样的体验，身体上有慢性疾病的人情绪比较容易波动，并且愉快度比较低，很容易产生低落情绪。所以，关于身体健康水平对情绪的影响也需要被关注，一方面，家庭其他成员需要体谅病人因身体的痛苦而引发的负面情绪宣泄，另一方面，也需要积极寻求医学上的帮助。在个案调整的过程中，通过对个案服药后状态的观察，中药所起到的作用要远远高于西药，并且中医的调理作用基本上是在改善人的身体环境，所以效果要比西药更显著。

中医明确指出情绪是五脏功能活动的一种外在表现—《黄帝内经·素问·阴阳应象大论》："人有五脏化五气，以生喜怒思忧恐。""肝在志为怒、心在志为喜、脾在志为思、肺在志为忧、肾在志为恐。"说明人的情绪是以五脏六腑、气血津液为基础，不同的情绪变化反映了人体脏腑、经络、气血津液的不同功能状态。《灵枢·本脏篇》："志意者，所以御精神，收魂魄，适寒温，和喜怒者也。"这些都说明了中医对人情志病理的精深揭示。在生活中，我们最常见的就是肺病患者，常会表现出忧心忡忡的样子，而胆小的人更容易受到惊吓。所以，人情绪状态与人的身体状态也是分不开的。儿童时期，孩子有时表现出的情绪波动，也许是身体不适所带来的状态，所以，在孩子持续出现情绪低落或烦躁状态时，需要关注一下孩子的身体是否出现了问题，以便及时医治。

在个案中，曾有一位40多岁的男士，因工作上遇到问题，一直表现得情绪低落，家人无法通过安慰来帮助他转好，曾去过医院也服用了一些治疗抑郁的药物，没有明显转好而求助于心理咨询。当时，由于他是被动求助，所以，很难听进去咨询师所说的话，所以咨询师建议他去看中医，一周后他再来咨询时，心境有很大的改善，并一再说这位中医水平很高等，之后对心理咨询师所谈内容表现得比较认同与配合。这只是心理咨询案例中的实例，在身边也遇到过中医治疗情志问题的案例，包括套管针灸对治疗抑郁有着明显的效果等。如果不是由于认知过于偏离导致的情绪问题，有时药物的效果更为明显。只是中医与西医不同，开药时的针对性比较强，所以，看中医时，中医医师的水平也在决定着服药的效果。

三、生活应对能力对情绪的影响

当我们提到情绪管理时，常常会与压力联系在一起。比如，一个工作压力比较大的人会表现出情绪容易暴躁。有时他们在工作环境中可有意控制自己，但是回到家中就容易表现出烦躁情绪。那么，为什么在这里并没有直接写"压力对情绪的影响"呢？因为压力只是个体应对生活中的一部分感受，同时压力是个体应对生活事件时所产生的主观感受，与感受相比，应对生活事件的能力更为重要。

在心理咨询案例中，我们所面对的多是有情绪问题的人，而这些人为何可以通过心理咨询的调整让情绪状态转好呢？一方面，与心理咨询师建立起良好的关系本身会让个体感觉被理解、被支持、被鼓励。这些感觉让人可以恢复对自己的自信心，做事的态度也会转为积极，情绪也自然会随之转好。另一方面，还有最重要的一点，他们从心理咨询过程中学会了以客观的视角看问题，同时也学会重视沟通的作用及更多地去关注问题的解决。所以，在心理咨询师的支持下学会了遇到问题寻求有经验的人帮助，在这一过程中提高了自己的生活应对能力，这样就会把生活中遇到的问题处理得更好，也就减少了因烦恼而产生的不良情绪。

在生活应对能力中，共情能力相对比较重要。正如人们所看到的，一个情商高智商一般的人，要比智商高而情商一般的人更容易实现生活目标。

共情能力常常体现在一个人的换位思考能力上，也就是能否站在他人的角度思考问题。当然换位思考能力不完全等同于共情能力，共情能力与换位思考能力相比而言更深入更准确。为什么在生活应对中，我们更要强调换位思考能力呢？因为我们在处理生活问题时，必然会牵扯到与人的互动，在这一过程中，换位思考能力强的人更容易关注问题产生的原因，所以，处理问题时会更理智。而理智的人会比较少地被情绪困扰。

那么生活应对能力是否只是针对工作而言的呢？其实不然，在婚姻、亲子关系、家庭教育等方面也体现得尤为突出。比如，家长遇到孩子学习出现问题时，如何应对就会决定着这位家长是否会出现情绪暴躁的现象。如果这位家长了解如何应对孩子的问题，那么，他会更加关注如何去解决孩子所面临的问题，一位有换位思考能力的家长会理解孩子学习不好一定是遇到了某种具体问题的困扰，如课程落下了，或在学校发生了让孩子无法专心学习的事件等。那么，家长就会主动去澄清问题，并以自己的经验去帮助孩子改善这些问题，让孩子恢复正常的学习状态。在这一过程中，家长不可能表现出情绪的暴躁，因为暴躁情绪常常伴有无奈与失控感。这就是为什么说一个脾气暴躁的家长一定是一个在家庭教育方面能力比较低的人。当家长面对孩子出现的问题不知如何是好时，才会更关注孩子出现的行为后果给自己带来的麻烦，而这些麻烦感来源于他们认为自己需要花时间和精力在孩子身上，但同时又不知道自己具体能做什么，为了让孩子变好，唯一的方法就是责罚孩子，这样自己就不必花更多的时间和精力在孩子身上。同时，在孩子表现得并不会因责罚而转好时，失控感便油然而生，暴躁的言行也就相继出现了，这对孩子毫无益处，反而有可能因此而伤害到孩子，并影响到孩子整体人格的发展。

在生活中，我们也会有这样的感受：能力强的人，情绪波动的几率会更低，而能力差的人，往往容易出现情绪失控的现象，暂不从自卑心理的角度分析，而只去关注他们无法应对好生活中的问题而言，人的负面情绪发泄多来自于对生活事件的失控感和一种无能的感受。无论是面对单位里的人还是家人，应对能力无时无刻不在起作用。

我们再来看一下对压力感的应对。

压力感是什么？是我们对生活事件所产生结果的担忧。压力对人心理和生理都会产生影响，越重视的事情就越容易让人产生压力感。压力感给人带来的不完全是负面的影响，它有时也会成为一种内在驱动力，让人把事情处理得更好。但是，我们过于关注事情成败的结果，而忽视如何应对压力源，那么，就容易使问题积压，导致自己长时间处于压力状态而使身心都受到影响。在给企业员工讲压力管理时，不仅会教员工一些减压的方法，更多的时候会讲解如何在工作环境中多建立人际支持，以及如何处理好工作中常见的问题，包括对工作技能的提高等。压力感常与个人效能感有关，如果抛开个人处理事情的能力来谈减压，那必然会导致最终的无力感，因为一个没有能力把问题处理好的人，所谓减压也只是去回避问题而已，严重时还会导致心理问题的产生，如焦虑和强迫等心理症状。所以，生活应对能力决定着人情绪波动的几率。人们在情绪波动时也需要懂得审视自己应对生活的能力，以便找到自身所欠缺的能力，并通过积极的学习去提高相关的技能，以更好地应对生活中出现的问题，以此来提高自身情绪的平稳度。

四、人际情感互动对情绪的影响

人际关系的持久大部分都来自人际情感的互动，不同的社会关系所产生的情绪氛围是不同的，但是两个人之间的任何关系都会涉及一定程度的情绪。在人际互动中所体验到的情绪和如何表达自己的情绪都与人际关系的性质有着密切关系，这反映了人际情感状态会影响到人际互动时的情绪，而人在人际互动中所表现出来的情绪又会影响到关系的亲密度与和谐度。良好的情绪会形成并维持长期的亲密关系，从而避免了与社会的隔离。

有研究显示，在公共的和亲密的关系中，会更频繁地体验和表达情绪。在对婚姻冲突的分析中发现，在这种冲突中缺乏情感的表达将预示着后来的离婚。情绪的投入会使关系双方的情感链接更加紧密，而且对特定情绪的表达程度，与互动伙伴的亲密程度高度相关。对于社会分享的研究也显示出，人们主要是与家人和朋友交流情绪。由此我们可以得出结论，对情绪的体验、表达和交流在亲密关系的发展中起着重要作用。在亲密关系的情形下一个人可能开始体验类似于其伙伴的情绪，因为其分享了他人的情绪视角并以同样的方式评估了情绪的情境。有研究者发现，约会的伴侣或大学室友一年的时间内在情绪上会变得更加类似，这种情绪趋同效应既适用于对事件的正面情绪反应，也适用于对事件的负面情绪反应，这与双方情绪情感的体验分享有关，通过这种分享与共情的相互认同，导致了双方看待事物的方式也变得相似，所以双方的情绪习惯也会越来越相似。

对亲密关系的影响，可以从"情绪感染"加以理解。关系密切往往会创造更多的机会相处，在这种互动中，人大脑的镜像作用会让人不自觉地"模仿"对方，导致自己的情绪体验受到对方情绪的影响，表现出类似的非语言展示，这种模仿会使互动同步并协调，还因此促进互相参与和情绪接近。而当个体同情另一个人，或者当个体对那个人感到更多的共情时，模仿和情绪感染都会增加。在这一过程中，显示负面情绪可能有助于关系的亲密。例如，讲述悲伤的事情时，对方会更容易安静地倾听，也容易产生共情反应。也有对愤怒和攻击的研究显示，人们最常愤怒的对象往往会指向最亲密的人，并且身体上的攻击在亲密关系中更常出现，尤其是女性。对内疚的研究则表明，内疚这种情绪主要会在被珍视的关系中表达，在这种关系中人们对他人有很高的尊重。类似的，对后悔的研究显示，人际交往中的后悔会激励人们努力消除在关系的背景下已经造成的伤害。但是，诸如仇恨和蔑视等情绪则不能发挥交往功能。

人际互动的特征是体验和表达正面和负面的情绪，这一过程往往会导致情绪趋同，这种趋同有助于关系的亲密和关系内的和谐。在陌生人之间的情绪互动中能够观察到对关系的促进作用。例如，微笑的人比那些不微笑的人更有可能被认为具有诸如善良、幽默、智慧或诚实等正面特质。微笑的正面影响受到被感知到的微笑的真诚度的限制。此外，通过情绪的沟通，也能够提示人们他人是否存在危险或者是安全的，这也会引导人们做出相适应的行为。因此，情绪具有信息传递的价值，一个人的情绪表现也在传达着对某一情境的关注与评估。有研究表明，儿童会通过家长的情绪表现来评估环境的安全性。而对这种信息的传递与接收这些信息的程度会受双方关系的影响，关系越密切，对信息的执行程度也会越高。同时，情绪的这种传递与接收过程的顺利程度也影响双方之间情感关系的链接程度。

大量的研究证实，人们与他人之间关系越亲密，就越愿意表达和分享自己的经历和感受，对情绪的表达也就会越多，所获得的被支持感也就越多。而这种被支持感又会影响到双方彼此的信任，从而又会增加双方的亲密感。正如大量的个案显示，关系的时间长度并不能决定关系的亲密度，而关系的亲密度却会直接影响关系的时间长度。例如，家庭成员相处的时间很长，但是，这种关系并不一定是密切的。而热恋中的双方，相处时间并没有与家庭成员相处的时间长，但是由于关系的密切而让双方渴望在一起相伴余生。

情绪的表达也表现出更多的情感链接功能。通过对情绪的表达，人们可以传递对亲人和友人的关怀，增进相互的信任，使关系更为密切。而这种与他人的亲密关系又给了人们更多被支持感，这种感受也会增加人们对生活的热情，使人们更愿意与他人合作，并信任他人。好的人际情感也必然会带给人们更多好的情绪体验。

思考题：

1. 婴儿对他人情绪理解的发展顺序是怎样的？
2. 在人情绪的早期社会性发展中，父母起到了什么样的作用？
3. 简述自我意识情绪的发展过程？
4. 气质类型与情绪反应有什么样的关系？
5. 依恋有哪些类型？它们的特点是什么？
6. 情绪表达规则是怎样习得的？
7. 青少年自我意识发展表现在哪几个方面？
8. 论述影响情绪形成的因素有哪些？

第三章　家族文化传统与情绪策略

每个人都希望更加了解自己，尤其在遇到一些困惑时，人们都想要寻求一种力量的支持，这必然会涉及对内在自己动力的探索。在这个探索的过程中，有人会从信仰中获得力量，有人会从自己的人生目标中获得力量，而有些人则会通过对父母教诲的传承中获得生命的力量……从生命的角度，我们知道我们出生成长的过程都离不开家庭的哺育和影响，而家庭也必然受到种族文化的影响，不同的家族也会自然而然地形成自己的文化传承。文化的传承影响着人们为人处世的理念，人的情绪策略也必然会受到影响。所以，我们也需要了解在种族文化传承中存在的深层影响会有哪些内容。

第一节　中国传统家族文化

一、"文化"的核心要素

1. 精神要素

人的精神世界决定了人的生活取向，文化形成于人们对生活的体验和感悟，它包括自然科学、宗教、艺术、哲学、伦理道德以及价值观念等，精神要素的核心会以价值观为体现。不同的民族会有不同的价值观，所以会表现出不同的文化内容。

2. 语言和符号

人类是通过语言和符号来记载和传授经验，并且也是人类沟通不可缺少的工具，文化的产生与传承也必然会依赖于语言和符号。交谈、写作、绘画、音乐等，无一不是在运用着语言与符号，所以语言和符号是文化的重要工具。

3. 社会规范

任何一个社会群体，都会有自己规范，这些规范产生于群体共同活动经验，是人们在某一社会群体中需要遵守的行为准则，有以法律条文形成的规定，也有以道德伦理意识形式存在的，这些影响着文化内容的形成。

4. 社会关系和社会组织

社会组织是实现社会关系的实体。社会组织包括目标、规章、一定数量的成员和相应物资设备，也包括精神因素。社会组织促进了文化内容的丰富与发展。

5. 物质产品

是指经过人类改造的自然环境和由人创造出来的一切物品，在它们上面凝聚着人的观念、需求和能力，体现着文化发展的阶段性内容。

二、家庭文化的内涵与作用

家庭文化的定义：从广义的文化概念，我们可以推演出广义的家庭文化，指社会文化在家庭之中的具体表现，是家庭全体成员所拥有和创造的全部精神财富和物质财富。

（一）家庭文化的结构

1. 家庭意识文化

家庭意识，通俗地讲就是家风，反映家庭成员的共同利益和共同心理，从而形成家庭是非标准，约束家庭成员行为，调节家庭成员间关系，包括家庭的道德观、理想观、价值取向、审美情趣等。健康、文明、向上的家风，有利于家庭全体成员自觉地维护家庭利益，保持家庭的和谐、幸福，力求使家庭生活幸福美满。

家庭的意识文化会影响到家庭情绪的整体氛围，包括如何对待老人，如何对待孩子的理念。例如："上慈下孝"就是家庭意识文化的一种传承。家庭意识文化决定着家庭行为文化。

2. 家庭行为文化

反映家庭成员的各种活动和行为规范。家庭文化受社会文化的制约，家庭成员的活动除了要遵守社会规范外，还要遵守家庭自己规定的行为原则，唯有如此，家庭成员的各项活动才能有条不紊，家庭生活才能安定和谐。

家庭行为文化影响着家庭成员之间互动的情绪态度，"夫风化者，自上而行于下者也，自先而施于后者也"。[①] 长辈的言行会影响到下一代的言行，这是一种家庭行为文化的传承，而这种传承也会影响家庭成员的社会化态度及行

---

① 《颜氏家训·治家篇》。

为，如怎样接人待物等。

3. 家庭物质文化

反映家庭生活环境、消费趋向、经济状况等。衣食住行等生活资料是家庭物质文化的基本组成部分。家庭经济收入制约家庭物质文化，正如"仓廪实而知礼仪，衣食暖而知荣辱"①。只有在衣食住等基本需求得到满足后，家庭成员才可能有文化诉求。

家庭物质文化影响着家庭成员与物质欲望相关的情绪状态，家庭物质文化是家庭意识文化的基础，同时也受限于家庭意识文化。

（二）家庭文化的功能

1. 教育功能：家庭文化通过家庭成员有意识和无意识的传播营造了良好的家庭文化环境，不仅能够塑造家庭成员的性格品质，预防不良生活习气的产生，还能有效地帮助家庭成员和睦相处，提升家庭成员的文化修养，促进家庭成员身心健康及自我发展意识。

2. 调控功能：家庭文化可以有效地调控家庭成员的不良欲望，使家庭成员在言行上产生自我约束，形成公德意识及良好的人际互动习惯，使个人行为符合社会规范；同时这种自我约束也有利于人对自然环境形成共生意识，达到人与环境的和谐共存。

3. 引导功能：家庭文化体现了一个家庭的生活方式和处世之道，其中也包括道德意识和价值观。良好的家庭文化，会随着时代的不同吸收对自身有利的新思想、新观念，会促进家庭成员对文化素养的欲求，引导他们树立正确的理想、信念及人生观，培养自己具有良好的社会适应能力，形成良好的生存意识和丰富的精神世界。以社会主义核心价值体系为引领的家庭文化，会形成文明、积极、健康的家庭文化氛围。这无疑将促进家庭成员身心的健康发展。

三、中国传统家族文化的特征

中国传统文化是多元文化的汇集，是中华文明长期演化的结果。具有中华民族的特质，是多民族各种思想文化、观念的历史结晶，历经几千年的发展与筛检，随着时代的变迁，去其"糟粕"取其"精华"，令我们世代受益。从家族文化的角度来看，中国传统文化对家族文化影响比较大的经典，耳熟能详的有《论语》《老子》《易经》《中庸》《颜氏家训》《黄帝内经》等，讲的都是

---

① 《史记·管晏列传》。

难能可贵的人生哲理。这些哲理对人的认知发展、接人待物等行为都起到了积极的引导作用。人的情绪与如何做人、如何处事都有着直接的关系。家庭情绪习惯来自如何处理家庭成员之间互动的言行，所以，其中对文化的传承起着极为重要的作用，包括人细胞记忆等所起到的作用。布朗芬布伦纳的生态系统论也强调了社会文化对人的影响，大环境也必然影响小环境，而小环境也会影响着大环境的发展。正如孟子所说："天下之本在国，国之本在家，家之本在身。"① 个体的状态会影响到家的状态，家的状态会影响到社会的状态，社会的状态必然会影响到国的状态。而治国策略也在影响着社会、家庭及个人的发展。

习近平总书记曾多次讲到家对国的重要性，"家庭的前途命运同国家和民族的前途命运紧密相连"；"家庭是社会的基本细胞，是人生的第一所学校。不论时代发生多大变化，不论生活格局发生多大变化，我们都要重视家庭建设，注重家庭、注重家教、注重家风……"② 中国的未来必将依托于对下一代的教育上，而家庭教育也是对孩子的人格教育，是一个人是否能有健康的身心为社会做贡献的关键因素，所以，家庭是人类发展的第一块重要的土壤。打开国门后，中国发展之迅速是有目共睹的，这无疑是来自中国传统文化基础的影响。虽然对于人类心理过程的实验结果多来自于西方，但是，真正好的教育理念却是来自中华文明的文化"精华"。

荣格提出了群体潜意识对人的影响，而家族文化正是群体潜意识的来源，所以，我们需要了解中国传统的家族文化，只有这样，我们才能更好地了解影响家庭情绪模式最深层的因素。从中国传统文化特征到中国家族文化特征，我们可以看到文化对我们认知和行为的影响。

（一）中国传统文化特征

1. 农耕型文化特点。中国是一个以农业为主的国家，文化也必然离不开与土地的联系，可以说土地观念是农耕型文化的核心，中国传统文化源自于对土地与人类关系的认识。农业中春耕夏耘秋收冬藏的规律，在中医上也有体现："春生夏长，秋收冬藏，是气之常也，人亦应之。"③ 强调了养生要顺应

---

① 《孟子·离娄章句上·第五节》。
② 《注重家庭、注重家教、注重家风，习近平总书记这样说》，中央纪委监察部网站，2017年02月10日。
③ 出自《黄帝内经·灵枢》。

自然界的运动变化。"人体以天地之气生，四时之法成。"① 人体的生理功能随着天地四时之气的运动变化而进行自身调节。而从做人的角度看，"地势坤，君子以厚德载物"。② 以大地来比喻坤卦，君子观此卦象，取法于地，以深厚的德行来承担重大的责任。坤卦也有代表母亲的意思，母亲是养育者和给予者，人的德行如果能如大地般宽广，必能因宽容和给予他人而获得他人更多的支持。农耕的特点，是脚踏实地，循序渐进，这非常切合中国古人修身之道，这就是农耕型文化的形成及对中国人的影响。

2. 主观意象思维的文化特点。中国文字从甲骨文开始，都是以象形文字为主，这促进了中国文化主观意象思维特点的形成。在古代绘画上的体现尤为明显，传统绘画技术更多地强调意境、神韵以及人物之间的地位关系，而非写实，这就让中国绘画作品内涵更为丰富，意境更为引人入胜。而且中国的文学作品，也会以奇异的想象来体现作者内在的思想境界。如庄子的《逍遥游》、李白的诗等。

3. 中庸处世的文化特点。中国传统文化以儒家和道家为主，而为人之道大部分都受儒家思想的影响。中庸之道是儒家思想的精华之一，孔子曾赞叹："中庸之为德也，其至矣乎！"③ 把"中庸"视为人生至高的品德，是为人处世之道的最高境界和目标。"中庸之道"强调待人接物避免两个极端，在矛盾中求平衡。"君子中庸，小人反中庸。"④ 君子指有知识有修养的人，而小人指的是没有知识、理想和道德追求的人。在生活中我们也都可以看到，内涵丰富的人做事讲究把握分寸，能够做到言行适度心态平和，"致中和，天地位焉，万物育焉。"⑤从中体现了中国古人一直以德性为安身立命之本，在中国传统文化中，最注重的就是个人的自我修养。"欲治其国者，先齐其家；欲齐其家者，先修其身；欲修其身者，先正其心；欲正其心者，先诚其意；欲诚其意者，先致其知，致知在格物。"⑥从修心开始而正其身，心正才能有智慧，有智慧才能真正实施中庸之道。

4. 宗法家族文化的特点。受宗法制度的影响，宗法家族文化以祖先崇

---

① 出自《黄帝内经·素问》。
② 出自《易·坤》。
③ 出自《论语·雍也》。
④ 出自《礼记·中庸》。
⑤ 出自《礼记·中庸》。
⑥ 出自《礼记·大学》。

拜为载体，经历代儒学家们不断改造而传承下来，逐渐形成以血缘关系为纽带并以父（夫）权/族权（家长权）为特征的宗族或家庭文化。其特点是宗族组织和国家组织合二为一，宗法等级和政治等级完全一致。"克明俊德，以亲九族。九族既睦，平章百姓。百姓昭明，协和万邦。"①可见古人对家族文化的重视。对家，讲孝敬父母；对国，讲忠于国君；对师，讲尊师敬道。三者是中国家族文化传承的核心。家属于国的一部分，而国对家的重要性也是不言而喻的，人的成长离不开学习，所以，一个国家的发展也离不开教师。

（二）中国家族文化的特征与传承

中国传统家族文化的特征，梁景和老师将其分为表象特征与本质特征两大类别，并将本质特征分为优质特征和劣质特征，从文化表现的角度，了解表象特征更为重要。

1. 中国家族文化的表象特征②

（1）结构特征

家族结构也称之为家族类型。以亲缘关系为标准，传统家族结构可分为核心家庭、主干家庭、联合家庭、家族家庭等。核心家庭指夫妻及未婚子女组成的家庭；主干家庭指以夫妻及其未婚子女为基本单位，有父母者则与之同居，有祖父母者亦然，并可往上推至有曾祖父母者，此即留其直系。至于已婚的兄弟叔伯等，则另行分居，此即去其旁系，此种家庭组织可称"直系亲属同居制"。因其有家族的根干，而无家族的枝叶，故称主干家庭；联合家庭是指父母同两个以及两个以上已婚儿子再加上未婚子女及孙子女组成的家庭，这是主干家庭的构成之外，又加上一对或一对以上的第二代夫妇；家族家庭是指在结构上比联合家庭要复杂，人员要多，并累代同居，几世共爨③，作十字形上下左右延伸的家庭，如：唐代的江州陈崇家，十三世同居，长幼凡700余口。家族家庭成员间除亲兄弟关系之外，有堂兄弟、再从兄弟、族兄弟关系，甚至连同姨父、舅母、表兄、表妹等一同生活，是血缘关系把其成员聚合起来，构成家族家庭。除上述家庭类型外，还有不完整的残缺家庭及鳏寡孤独的独身家庭，它们只属于家庭结构中的附属类。主干家庭附带核心家庭和联合家庭，为我国传统家庭结构的主流家庭和实际家庭；而家族家庭则是我国传统家庭结构

---

① 出自《尚书·尧典》。

② 梁景和：《中国传统家族文化的特征》，载《松辽学刊（社会科学版）》1997年第4期。

③ 爨：[cuàn] 释义：1. 烧火煮饭。2. 灶。

的典型家庭和理想家庭。

(2) 族权特征

家庭、家族和宗族的权力系统由家长、房长和族长构成。所谓族权可视为家长、房长和族长在家庭、家族和宗族中的特有权力。族长（又称族正、宗长、宗正、宗盟、会首、首事、理事）是宗族权力系统的集中代表，是全宗族的行政首领，总管全族事务。"凡族中事，皆听其一言为进止，无敢违。"族长的权力一般体现在：主持祭祖，通过祭祖既可加强宗族凝聚力，又可不断强化族长权力代表的形象；修编族谱，族谱作为家族史成为族人的一条根，维系着全族人的亲睦之情。族谱通过记载宗族的源流世系，记叙族内的显宦名儒和孝子顺孙，既可以防止"异姓乱宗"，又可以激发族人效法先人，光宗耀祖。族长主持续修族谱便成为一项重要任务，"三世不修谱，为不孝"这就进一步增强了族长续修族谱的责任感；执行家法，族长对违犯家规的族人有秉公处断之大权，"重者鞭扑，轻使长跪广庭惩辱之"，诸如"令其跪祠堂门首""逐门叩首"直至有活埋、沉潭、"立刻处死"等。此外，族长还有宣讲族规、教育族人，调解族内纠纷、对外交涉等多种权力，从而控制着整个宗族的生活内容。房长是家族权力系统的集中代表，有着跟族长相似的权力。族长和房长一般由族人选出，或上届会首推荐，多为最高辈份的长者，"族长必须品端心正，性情和平，乃可服人，亦可拿事"。在传统家庭里，父亲是权力的代表，"家人有严君焉，父母之谓也，盖父母视家人，势分本为独尊，事权得以专制，使契其纲领，内外肃然，谁敢不从令？"父家长掌握全家的经济大权，是土地、房屋、牲畜、妻子、儿女、奴隶和一切家庭财产的所有者，他可以任意支配妻子，儿女和家内奴隶，"子之于父，弟之于兄，犹卒伍之于将帅，胥吏之于官曹，奴婢之于雇主，不可相视为朋辈，事事欲论曲直"。父亲对家人甚至有送惩权及生杀之权。如俗语所言"君要臣死，不得不死；父要子亡，不得不亡"。古史中亦载："父而赐子死，尚安复请"，"君者，国之隆也；父者，家之隆也"，"尊长不命进，不敢进；不命退，不敢退"。可见传统家庭内父权的威力。

(3) 经济特征

传统家族的经济特征突出表现在有族产来维系家族的生存。族产又主要指族田。族田是家族的经济命脉，是家族各项活动的经济后盾。没有族田也就没有家族的凝聚、延续和存在。族田主要是通过族人捐助的方式获得的，"家富提携宗族，置义塾与公田"。族人一旦把本人的田产捐与家族即成为全族公有，捐者及其家属不能据此要求特权。"至所捐田亩，一体归掌庄人经营，捐田之子孙,不得借此干预庄务。"族田为全族人的利益服务,根据不同用途分为祭田、义田、学田等。

(4) 教育特征

有的族长经常在祭祖之后在祠堂向族人宣讲家训族规,或讲解圣谕,以臻教育和规范族人的目的。然而家族教育的主要方式是办学,"兴启蒙之义塾"。义塾中的授课内容无非是"三字经""四书""五经"等儒学经典。家族教育也兼及算术、故事、人生道理等,以此达到职业和道德教育的目的。职业教育主要为了选择未来的职业,一般家庭奢望不高,根据实际进行选择,士农工商皆可,绝不惟士是趋,但也有期望儿子从事仕宦职业,这在官僚家庭尤为突出。家族尤为重视修身律己、为人处世的道德伦理教育。许多宗族"每冬至大祭,必申警其族众,而惩其不率教者。族责之于房,房责之于家长,使其族之子弟,悉就教化,守规律"。家族道德教育的实质,"不徒诵读诗书,大要使之识尊卑上下孝悌忠信礼义廉耻而已",所以道德教育无疑有助于家族以至国家的专制统治。

(5) 宗法特征

这里指家族宗法观念上的突出特征。宗法观念的内容极为广泛,其重点为"祖先崇拜""忠""孝"观念等。中国的祖先崇拜十分发达,把祖先视为血源之本,"祖宗,人之本也",祖先崇拜是为了"报本",也是为了祖宗在"阴界"能保佑"阳界"的后世子孙;还有是为了祈求授福,以免降祸。崇拜祖先的中心内容就是祭祀,以此慎终追远,感恩报德。"君君臣臣""尊尊亲亲""尊君敬上""君礼臣忠"都含有"忠"的内容。对国对君对官对民都负责任心谓广义之"忠",平时我们理解的为狭义之"忠",特指忠于君主。在传统家族文化中忠君的信念很强烈,并最终成为片面的伦理说教,成为强化忠君观念的一种工具。"父父子子""父慈子孝""孝敬父母""尊老敬宗"都含有"孝"的内容。有人视"孝"为中国文化最突出的特色。"孝"也有广义和狭义的区别,广义的"孝"是指行为合乎规范,"居处不庄,非孝也;事君不忠,非孝也;莅官不敬,非孝也;朋友不信,非孝也;战阵不勇,非孝也"。可见一切不合规范的行为都是不孝的。孝的观念在家族文化中处于非常重要的地位,是最具特色的文化内容。此外,宗法观念还讲求尊卑有别、贵贱以位、夫尊妻卑、重男轻女、兄友弟恭、长幼有序。妇道、贞节、仁义、恭敬、宽恕、顺从、克己等不一而足,从而构成传统家族宗法观念的完整思想体系。

以上我们从五个方面论述了传统家族文化的表象特征,这些特征之间并非彼此割裂相互孤立的。他们是一个有机的整体，互相制约、影响。互为条件，互为依存。如没有家庭教育就难以确立宗法思想，没有族田经济又很难兴办家族教育；没有族长的统一指挥就不能有家族内部的协调一致；而教育、经济和宗法观念又直接影响着家族结构。这种相互牵制的内聚力正是传统家族具有顽强生命力的内在根据。

2. 中国传统家族文化的传承

中国传统家族文化多是以《家训》的形式被传承下来，"家训"又称家法、家规、家范、家戒等，主要是教导家人如何处事、管家，其中也包括如何立足于社会、如何修身立德等。历史上每个朝代都有著名的家训传世，从北齐颜之推的《颜氏家训》到唐太宗的《帝范》，司马光的《家仪》，陆游的《家训》，以及元代郑太和的《郑氏规范》，清代康熙的《庭训格言》等。

中国的传统家训是以占主导地位的儒家文化作为价值参照，以"孝"为核心。强调父慈子孝、长幼有序、兄友弟恭的家庭伦理，进而又强调敬老爱幼、敬上爱下等观念。而"孝"的更广泛、更重要的意义体现在由家族的孝扩展为对社会的普遍关怀，这是家族文化最为重要的意义。家庭之中的行为规范会影响到家庭成员处事言行的道德意识，对家规比较重视的家庭成员很少会有反社会的言行。"百善孝为先"，善者必会得他人助，所以，孝顺的人往往会发展得比较好。以现代心理学的角度来看，就是亲子关系好的人，人际关系也相对会比较好，人际关系比较好，事业的发展相对也会比较好。《家训》对家庭成员的教导作用非常大，例如《颜氏家训》就使该家族后人出了许多人才，颜氏家族十几代人都担当过朝廷要职，这与颜氏家学熏陶是分不开的。

对于当代人来讲，对家族文化的传承多会体现在家庭教育理念上，只是没有以"家族文化"的名义来教导下一代而已，但是这些理念却一直在受上一代的影响。中国传统家族文化的作用更多地体现在对下一代人格的培养上，好的基础是推动孩子健康成长与发展的深层动力。

第二节　家族文化对情绪策略的影响

一、家族文化与情绪

家族文化对情绪策略的影响多体现在前人对家人的教导之中，多以家训传承家族文化思想。在很多家训名篇中,都包含着长辈对晚辈的立身处世、待人接物的教导,而人的情绪策略与人的思想和处事态度有着直接关系,并且,从中也存在着家长身教所起到的作用。家长的情绪策略也会直接影响到孩子,在这一过程中,家族文化起着根源性的作用。正如不同的民族有着不同的习俗一样,不同的习俗对同样的事情会有不同的处理方式,这也必然会涉及引发的情绪状态会不同。

"祖宗,人之本也"①,家族文化是人所持有人生态度的源头,所以,具有什么样的家族文化传承的思想,就必然会有什么样的处事态度,这也必将影响到情绪策略。比如,有祖先崇拜的人,或有宗教信仰的人多是相信先祖或者神、佛的存在,会以祭祀祖先来祈求平安等,以此减缓焦虑情绪;信任因果轮回的人,会舍弃对他人具有伤害性的言行,以免自己体验被伤害的果报,以此可以增加对他人的同情心,可以改善情绪策略中的认知环节,遇事先从自身的言行找原因,而后才想解决办法,以此减少对他人的抱怨,从而让自己减少被情绪困扰的几率。

历代家训名篇中,颜之推的《颜氏家训》,堪称"古今家训,以此为祖",被后世反复刊刻,广为征引,可见古人对家庭训诫的重视程度。虽然,内容对情绪的调节并没有针对性的教导,但是,其中的一些道理却在引导下一代如何做人,而做人的道理就是引导人如何与人相处,如何表现自己的情绪状态。其中"父母威严而有慈,则子女畏慎而生孝矣"。"以身教者从,以言教者讼。"所讲的就是父母自身的情绪状态对子女的影响。又如《李氏族谱》:"族长必须品端心正,性情和平,乃可服人,亦可拿事。"②《心术》:"为将之道,当先治心。泰山崩于前而色不变,麋鹿兴于左而目不瞬,然后可以制利害,可以待敌。"③ 其中都不乏讲述情绪状态的重要性,只有有能力控制好自己情绪的人,才能做一名好父母,好族长,好将军。所以自古以来,对一个人的情绪策略结果的重视程度都比较高。古人对情绪状态的影响角度多是以父母要如何做才能让孩子听话和孝顺为主,一直强调修身立命是做人之本,其中也有以德服人之意。相对而言,中国传统的家庭教育形式过于强调孩子的顺从意识,这样势必会导致那些生活在家庭成长环境缺乏教养的孩子的不满情绪被压抑,从而

---

① 《浙江杭州闻氏族谱》卷1。
② 李妆棋等修《李氏族谱计·开谱例十条》。
③ 北宋文学家苏洵所作《心术》,是《权书》中的一篇。

导致一定的心理疾患。这也正是西方家庭教育方面的理念更容易被现代人所接受的原因。

曾有人对讲述家庭故事对孩子成长的影响做了研究，研究结果表明，讲述家族故事，会给孩子和家长带来积极的影响。在年幼时听过父母详细讲述过家庭故事的孩子，他们的表达能力会在成年后比同龄人更强；他们会更容易正确理解他人的思想、情感；这种理解力也会让他们具备良好的人际交往能力和阅读理解能力；对家族史的学习有助于青少年自尊感的发展，他们比没有接受过家族史教育的孩子显得更加成熟，在成年后不容易出现严重的心理问题。这一结果应该是正确的，因为通过家长与孩子的讲述过程，孩子会更容易接纳父母及家庭成员，并且容易受到家庭故事中好的一面的影响，同时也会从父母身上学习到如何表达自己的想法与经历，而这种可以平等对话的家庭氛围本身也会对孩子产生正向影响。从情绪策略的角度我们可以看到，能够适度表达情绪感受的人，情绪策略更健康。

从家族的角度，我们可以看到一个良好的文化传统会影响到后代的发展，以曾国藩家族为例，"曾氏家族至今190余年间，绵延至第八代孙，共出有名望的人才240余人，有近两百人接受了高等教育，众多留学欧美或日本等国，其中取得博士、硕士和获得院士、教授、研究员、高级工程师等职称的多达百余人，构成了一个名声远播的华夏望族"。[1] 这无疑都是文化传承所产生的影响。而曾国藩非常注重家族成员间的交流，多以家书的形式教导家人，其中"寡欲精神爽，思多血气衰，少杯不乱性，忍气免伤财，贵向勤中得，富从俭里来，温柔终有益，强暴必招灾""养性须修善，欺心莫吃斋，衙门戒出入，乡党要和谐，安分身无辱，闻非口莫开，世人依此语，全福乐康哉"。[2] 这都是在教导后人如何为人处事，其中也强调了不良情绪所带来的灾殃，这都是一种情绪策略的传承。

女德教育也在中国传统文化中起着非常重要的作用，只是，在过去对女子的言行要求过多，而真正对女子的教育却过少，所以，历史中留下了很多的悲剧。但是，有大量的研究表明母亲对孩子情绪策略的影响是终生的，虽然父亲的影响也不容忽视。但是，母亲是孕育和哺育孩子的人，影响力更为直接，更

---

[1] 网易新闻，2016-10-16，《曾国藩家族200年名望子孙辈出，八代中无"败家子"》。
[2] 曾国藩：《百字铭》。

需要被重视，所以，女德教育实质上对一个家族的发展来讲也是必要的，不是压抑，而是让女子受到更好的教育，以促进孩子的健康成长。德，是一个人学识修养的自然体现，所以，培养一个人的品德，并非是一味地压抑自己奉献他人，而是真正懂得如何接人待物，如何处理好相应的事情，从中必然涉及认知所起到的作用。虽然，情绪不单纯是认知所起到的作用，但是，其中的影响力也很大，所以，所谓女德教育实质上应该是更好的亲和文化教育。当然，当代社会男女平等多体现在社会角色上，由于经济压力的问题，男女都要去工作，所以，家族文化传承基本都以身教的形式体现着，而真正的家族文化教导已很少起作用了。

二、家族记忆与代际遗传

以多年的心理咨询经验来看，家庭对我们的影响不仅仅是父母的言行，还存在着无法通过个体心理分析来解释的因素。这些因素可以理解为家族群体潜意识，有研究者认为，这种群体潜意识可以通过细胞记忆传递给下一代。

我们看到家族对人的影响，在文化传承中得到了一定的体现。家族文化就是家族历史，反映了家族记忆的内容，这些内容通过讲述家族的故事而传递下去。比如父亲给儿子讲祖父或太祖父生前的一些故事等，这些都会再次被记录在儿子的记忆中。也有研究表明，孩子对发生在自己家族中的故事会更感兴趣，也容易被故事内容所影响，这都表明家族亲密关系和血缘的影响力。

在血缘和基因方面影响的研究中，细胞生物学家布鲁斯·利普顿证明了从环境发出的信号能通过细胞膜实现操作，从而控制着细胞的行为与生理机能，进而激活或抑制某个基因。也就是母亲曾体验到的各种情绪，会从生化特性上改变后代的基因表达。在怀孕期间，母亲血液中的营养物质经由胎盘壁来滋养胎儿，在输送营养的同时，母亲也会释放一些由其情绪产生的激素与信息信号。这些化学信号会激活细胞中特定的受体蛋白质，从而促发大量的生理、代谢及行为变化，这种变化不仅出现在母亲体内，也发生在胎儿身上。利普顿认为孩子的健康发展会深受父母思维、态度及行为的影响[1]。引发父母不良情绪的事件会构成孩子出生的消极环境，并会传递给下一代。也就是孩子的母亲出生时会带有她自己母亲的情绪印记，而孩子母亲在自己孩子出生时又会传递给孩子，可以说一个不良情绪事件会影响到三代人。

---

[1] [美]马克·沃林恩：《这不是你的错》，机械工业出版社2017年版。

一些科学家通过白鼠实验显示人经历应激或创伤事件时，DNA 会发生一定的变化，这种变化会通过卵子和精子传递给下一代。研究者认为这种变化有利于后代对特定环境的不利性加以警觉，这就是"代际表观遗传"，将某种行为在一代接一代的传递下去。而这种代际遗传会让下一代感受到莫名的焦虑，甚至是恐惧等不安情绪，所以，防止这种代际创伤的遗传是必要的，研究者发现，通过改变我们的思维方式、内在意象方法，可以改变我们基因的表达方式，从而改善这些事件对我们的影响，进而改善代际遗传中的不良因素。

关于家族的影响，德国的海灵格在中国开展过"家庭系统排列"工作坊，显示了家族深层潜意识的活动现象，并阐述了其内在规律。通过学习及在个案中的运用，我看到了"家庭系统排列"的作用，也就是家族的记忆还会通过我们看不见的方式对下一代产生影响。由于排列中容易出现"代表"个人家族影响力的影响，所以，身为"家庭系统排列"的导师必须要有对人心灵深层次的洞察能力，并且内心涵养已达到对环境的全然接纳，否则，这种排列将是混乱的，对人情绪的改善无法起到应有的作用。在这里就不再详细介绍。

三、代际遗传与意象疗愈

诺尔曼·多伊奇说："心理治疗往往就是让我们的灵魂回归我们的先辈。"① 由于代际遗传的作用，我们会感受到我们未曾经历过的事件对我们的影响，甚至包括父母曾受过的教育，曾有幸读到马克·沃林恩写的《这不是你的错》，让我们了解到令我们自己感到无奈的一些情绪的来源，但这并非在给这些莫名情绪的产生找借口，而是要更好地了解它们以达到更好地改善它们的目的。同时，我们也需要感谢家族带给我们的良好体验或某种特殊技能。代际遗传存在的另一层含义是希望通过后代来解决当时没有解决的创伤或问题。

虽然有研究者表示人在母体中大脑的形成奠定了人的人格、气质及高级思维能力的基础，很多行为表现的结果都在受到先天代际遗传的影响。但是，这不代表着我们可以忽视后天教育对人产生的影响。所有我们对先天因素的了解都是为了更好地解决孩子在成长中所出现的问题都是为了更好地引导孩子获得更健康的身心状态。代际遗传有可能影响到我们对外界的感觉，但是，教育会引导我们如何处理这些感觉，如何通过学习到的技能让自己去做更多对我们自己有利的事情，而不是完全被这些先天因素所影响。

---

① ［美］诺曼·道伊奇：《重塑大脑，重塑人生》，机械工业出版社 2015 年版。

马克·沃林恩在他的书中分享了意象疗愈与大脑的关系。这让我们了解到通过自己的努力可以疗愈代际遗传的负面影响。意象疗愈关键在于自我治疗者有很强烈的自我疗愈动机，愿意去探索那些能够与内在力量产生强大共鸣感的意象。

意象疗愈的作用一直被心理学家们提及，包括积极的自我联想，以及冥想中的积极画面，催眠中的记忆重建等都是对意象疗愈的运用。而现在对于大脑机制方面的研究越来越多，包括有很多的书都在写这方面的内容。马克·沃林恩因急于解决自己出现的问题而探寻了很多方法，包括很多相关的研究，其中重点强调和阐述了冥想对基因表达产生的积极作用。"2013 年，一篇来自威斯康星大学发表在'神经心理学'上的研究发现，冥想者仅通过 8 个小时的冥想，他们就能发生明显的基因与分子变化，使一些促炎症因子水平降低，这能够使他们从应激情境下更快地恢复过来。"这说明了意象对人产生的作用是可见的，但是，这种作用更多的是来自于信任还有程序化的练习，并且需要正确的方法。通过持续的练习，新的思维、感觉会改变我们的体验，而过去的记忆会被这些新的体验冲淡，过去的记忆画面会变得越来越淡，而新的思维与感受会让我们不断从过去的创伤中脱离出来，这个过程并不容易，但是持续的练习会使我们越来越容易改变我们内心的想法。正如《刻意练习》① 所强调的，每个杰出者的能力都无一不是来自刻意练习。

多伊奇认为人可以通过回忆、想象等过程的体验对感知觉和情绪产生影响，大部分与处于真实情境的体验是相同的。所以，意象会对我们的大脑神经元产生一定的影响，"塑造我们的基因，进而塑造我们的大脑微观结构"。这些研究从科学的角度解释了意象对人的疗愈过程。

每一个人都希望能拥有更多的幸福体验，但是，在人生中不可能没有负面的事件发生，这些事件会带给我们被伤害的体验，而这种体验所带来的感觉有可能是来自于我们的祖先或上一代亲人的感觉，幸运的是，心理学让我们看到这些创伤的来源，并且让我们有能力去改善它们。从意象对人产生作用的角度来看，人需要让自己的内心产生更多的美好画面，然而所有美好的往往都来自于善良。"天道无亲，常与善人。"② 可见中国古人智慧的博大精深。

瑞秋·耶胡达说的一句话真的是很好："你无法改变你的 DNA，但如果你

---

① ［美］安德斯·艾利克森：《刻意练习》，机械工业出版社 2016 年版。
② 出自《道德经》第七十九章。

能改变 DNA 作用的机制，它们会有一样的效果。"①

第三节　家庭文化形成规则

家庭文化形成的规则会通过家庭角色与序位体现出来，而家庭角色与序位在家庭情绪管理中起着非常重要的作用。角色把握得好，家庭中序位意识明确，相对而言，家庭成员之间的关系就会比较和谐与稳定，如果家庭角色与序位混乱（如长辈过于要求小辈给自己更多的金钱或精神上的支持，而小辈并不尊重长辈等），都会引起家庭关系的不和谐，家庭成员之间容易产生冲突，让家庭情绪氛围难以和谐，同时孩子也有可能过多地介入父母之间的关系和情感问题，导致心理承受的负担过重而出现一些焦虑、抑郁等心理问题。

一、家庭角色定位与分工

每个家庭都存在着家庭角色，而这里所指的家庭是指独立的单元家庭，也就是只有父母和子女两代人的家庭，同时也不包括没有孩子的家庭。

在一个正常的独立家庭之中，存在着四种关系，夫妻、父子或父女、母子或母女、子女与子女关系。在这四种关系中，以夫妻关系为首要关系，夫妻之间需要尊重对方原有的生活方式，并且与原生家庭相比，要以自己现有家庭生活方式为重。夫妻双方有义务去适应对方的生活习惯，共同努力维护家庭内部的和谐。夫妻双方应努力扮演好自己的角色，同时也需要承担起自己角色应承担的责任。

从家庭结构上看，夫妻一旦有了孩子，就会具有双重角色，一个是丈夫或妻子，另一个就是父亲或母亲。而作为父亲或母亲时，角色的要求就会比较多而且相对比较重要，因为会涉及孩子能否健康成长，孩子如果能够健康成长，说明家庭的和谐度就会比较高，家庭就不存在太多问题；如果孩子不能健康成长，常会出现一些问题的话，那说明整个家庭都是存在问题的，因为孩子会直接受到父母自身状态的影响。所以，对于一个家庭而言，父母是否能扮演好自己的角色不仅决定着家庭的幸福指数，同时也在影响着孩子未来的生活质量，而孩子的未来也同样会影响到父母的生活质量。在这里需要着重谈一谈身为父

---

①　[美] 马克·沃林恩：《这不是你的错》，机械工业出版社 2017 年版。

母所应扮演好的角色要求。

1. 母亲角色的要求：爱与关怀的角色；关键词：温暖。

在一个健康的家庭之中，母亲的角色应是爱与关怀的角色。母亲是孕育孩子的人，同时也是第一个给予孩子最多关照的人，所以，最好具有柔顺品质，这样才能更好地把爱与关怀传递给孩子。而性格温和的妈妈一般都与孩子的关系比较好，一个与母亲关系比较好的人，常常会在社会交往中表现得比较具有亲和力。海灵格曾在家庭系统排列课程上强调：与母亲关系好的人一看就知道，因为这样的人都会有很亲和的笑容。

《易经》把父亲比喻为乾卦，为纯阳，为天，旨在父亲应该为家庭撑起一片天，给家庭带来光明和力量；而把母亲比喻为坤卦，为纯阴，为大地，旨在母亲应该为家庭付出更多的包容，让家庭成员在家庭之中有被家庭接纳和滋养的感觉，也就是可以使家庭成员有家的稳定与温暖感。

然而，有一些母亲并非具有温和的品质，就像有的父亲并没有阳刚之气一样。但是，这其实也并不影响去扮演好自己在家庭中的角色。实际上缺乏阳刚之气的男人常会喜欢有力量感的女人，容易与力量型的女人结合。力量型的女人，虽然缺少了温和与柔顺，但是，如果她爱自己孩子，她也同样会给予孩子爱和关怀，只是表达的形式不同而已。这也就是为什么一些母亲虽然是力量型，并且还希望把力量传递给孩子，同时对孩子的要求也比较多，但是孩子仍然很爱她，并且对她的感情比较深。因为作为妈妈的角色，只要传递了爱与关怀，孩子所感受的就是"温暖"。也就是说什么样性格对母亲角色并不重要，重要是能在适当的时候给孩子真正的关怀，让孩子可以感受到母爱的温暖。所以，对母亲角色的要求是具有爱的能力，真正爱自己的家。当她内心当中真正地爱孩子时，她就可以知道孩子在什么时候需要她"软"下来，需要她的理解与关怀。作为妻子也是一样的道理，无论是什么样性格的人，处于"爱"之中，所传递的感觉就会让被爱者感受到温暖和愉快。虽然生活的琐事不可能让人每天都处于"爱"的状态，但是，当丈夫或妻子需要被支持时，双方关系中爱的基础就会凸显出来，也就是能够真正地关怀对方，让对方体验到自己被爱。

不可否认，一位母亲对孩子的成长或者对一个家庭是否和睦都起着很重要的作用。而身为母亲的人，能在自己现有的状态里付出爱与关怀，孩子和丈夫就能够感受到温暖。虽然有些女人很强势，但实际上如果她的原生家庭比较好，那她就具有家庭以外人所看不见的温柔的一面。如果身为一位母亲，在原生家庭中没有获得过爱的感觉，并不懂得如何付出爱，那么，她就需要通过学习去改善自己，学会体验原生家庭中曾被自己忽视过的爱的感受，努力去与家人建立良好的情感链接，这样就可以获得母亲这一角色所需要的基本能力。这不仅对家庭的幸福有所帮助，同时受益更多的是自己，最突出的一点是会让更多人喜欢自己。所以，性格并不是决定因素，重要的是一个人是否在努力扮演好自己的角色。

2. 父亲的角色要求：爱与支持的角色；关键词：力量。

父亲的角色在于给家庭带来爱与被支持感。"父爱如山"所表达的就是父亲会给人一种可以依靠的感觉，给人以被支持的力量。所以，孩子如果在潜意识中认同父亲，就容易获得内在的力量感，容易表现得更为坚强。为什么说是潜意识呢？因为在大量的案例当中，我们发现，一些人在意识下感觉自己与父母关系很好，但是，潜意识的投射却是对父母的排斥；另一些人在意识下感觉自己讨厌父亲或母亲，但是，潜意识的投射却是对他们的认同。曾有一个案例，一个女孩子说她比较讨厌自己的爸爸，因为她爸爸脾气不好，遇事常发火，还打过她，而且对她妈妈也不好，她特别同情她妈妈，甚至还认为她妈妈过于软弱。意识下她讨厌爸爸，但是当她进入潜意识内容的呈现时，她却表现出认同爸爸在家庭之中的强势地位，认为父亲是更具有力量感的人。所以，她的脾气也跟随了爸爸，并且也从爸爸那里获得了力量感，比较勇于克服困难。虽然她父亲并不是一位好父亲，但是他毕竟也为家庭付出了很多，即便孩子体会不到父亲的温情，但却在潜意识当中认同了父亲的权威地位。这并不是一个好的例子，但是却说明了人存在着潜意识的认同。

如果父亲是家庭中解决问题能力最强的人，那么，整个家庭就比较健康，在孩子遇到问题时，可以获得父亲的支持会令孩子更有力量感，同时也能体会到来自父亲的爱。

如果父亲在家庭中解决问题的能力比较弱，不如母亲，母亲的能力或气势要胜过父亲，并对父亲执否定态度，那么，孩子自我成长的发展动力将会受到一定的影响，力量感相对会比较弱。但是，如果孩子与父亲的关系很好，对父亲是接纳的，而母亲并不会因为自己的强势而否定父亲，那么，孩子将仍然可以从父亲那里获得力量感，自我成长发展的动力就会比较强。如果母亲与孩子关系很好，而父亲不善于与孩子相处，同时母亲对父亲又是否定的态度，即使父亲很优秀，也仍然无法让孩子获得力量感，自我成长的发展动力也会比较弱。

虽然每个家庭都有自己的相处交流模式，但是，把握好角色主要的规则，就可以让家庭关系比较健康，家庭情绪氛围也相对会比较好。

3. 孩子的角色要求：接纳与敬爱父母；关键词：尊重。

在青少年的个案咨询中会有这样的现象：有一些女孩子希望自己可以比母亲更关怀自己的父亲，并认为母亲不适合与父亲在一起，母亲无法给自己的父亲带来幸福。也有一些男孩子因为父亲不常在家或者对母亲不好时，会希望自己可以替代父亲的角色来关怀和帮助自己的母亲。这些现象都是与家庭序位法则相背离的，很容易导致家庭情绪问题的产生，有些甚至还会有更严重的问题出现。

在一个家庭中，当父母都健在时，孩子永远需要懂得尊敬父母，即使父母之间的关系存在问题，孩子也不应介入父母并希望排出某一方。否则，孩子成长的成功动力将会受到影响，并且，对自己未来的婚姻也会产生一定的怀疑。这一点，我们已从很多独生子女身上看到了影响，有很多孩子不愿面对结婚，不希望承担家庭的责任，因为他们在自己的原生家庭之中介入父母过多，无意中背负了父母的负面感受，导致自己对夫妻关系的恐惧。所以，作为孩子需要脱离父母之间矛盾和问题，把注意力多放在自己的生活上，这对父母和对自己都是最佳的选择。从大量的个案经验来看，孩子一旦接纳了父母原有的样子，并尊重父母的命运，即使面对父母之间的冲突时，也能够尊重他们之间的不良互动模式，并清醒地提示自己，那是他们的命运与选择，与自己无关，自己有自己的命运，并且自己也有选择如何处理自己生活的能力。之后，情绪就会好转，就会降低来自父母的负面影响，并且能够更多地关注父母之间存在的感情及好的品质。一个人如果懂得尊重父母，他就容易懂得尊重家庭之中的其他成员，进而扩展开，他也会懂得尊重自己的老师，自己的领导。

孩子如果对父母是接纳的，就更容易接纳自己。如果对父母的缺点都可以理解，那么他对自己的缺点也会容易接受与改正。孩子对父母的爱是一种血缘带来的爱，只是这种爱的体现方式会受后天人为教育的影响。有很多人在父母健在时，认为自己并不爱父母，并且还时常挑剔父母哪里做得不好，但是，当父母去世后，会非常悲伤与后悔。这都是一种深层的爱被日常生活习惯的互动模式所掩盖的表现。家长对待孩子的方式，一定也会影响着孩子对待父母的方式。有时孩子会觉得自己不是不爱父母，只是不知如何去爱父母。如果父母是宽容的，对孩子是尊重的，并懂得理解孩子的感受，孩子就容易对父母产生敬意并接纳父母。如果孩子能够尊敬父母，那么也会比较愿意与父母说自己的想法和所遇到的问题，这样，孩子就有机会吸收到父母的经验，容易被父母正向思想所影响，能促进孩子自身的健康成长。所以，家庭关系好的孩子容易传承父母的优点，而家庭关系不好的孩子更容易传承父母的缺点。虽然实际的家庭成员之间的互动是复杂的，但是整体的基本规律是不变的。

所以，孩子的角色要求是需要懂得敬爱自己的父母，懂得吸收父母所给予自己的人生经验，以便更好地从父母那里获得人际关系的安全感和成长的生命动力。

4. 孩子对孩子的角色要求：爱护与尊重；关键词：互助。

在家庭之中，孩子与孩子之间需要懂得相互爱护与尊重，也就是年长的孩子要爱护年幼的孩子；年幼的孩子要懂得尊重年长的孩子。孩子与孩子之间如果可以按照角色要求去做，就容易相处得好，如果不能按角色要求去做的话，孩子与孩子之间就容易产生矛盾冲突，相处的情绪氛围就容易偏向负面情绪习惯，也势必会影响到整个家庭情绪氛围。孩子在很小的时候，不可能懂得角色的要求，需要家长告诉他们应该怎样做才能让他们相处得更愉快。在这里需要强调的是，爱护并不等于一味的谦让，而是在自己力所能及的基础上多给弟弟妹妹们一些照顾，同时也需要教导弟弟妹妹懂得感谢与尊重哥哥姐姐。作为父母需要让孩子们在物质分配上相对平等，如果条件有限，则需要以年长的孩子为先，这样会更符合家庭序位法则——从时间的角度上，先出生的孩子具有优先权。这样做会让年长的孩子更主动的爱护与照顾年幼的孩子。

二、家庭角色与家庭成员的感受

在生活中，每个人每天都在扮演着自己的角色，而每个人都有不同的角色需要扮演。在家庭中有家庭中的角色，在社会上有社会上的角色，在学校有学校里的角色，而这些角色都会影响到其他相关的人，同时也受其他人影响。这种影响力在家庭之中更为明显，因为家庭成员之间的关系是最亲近的，常常会比较放松，有时家人还会成为一些人负面情绪发泄的对象。其实，无论在什么环境里，人都需要尽力扮演好自己的角色，这不仅是为了与他人相处得更和谐，更重要的是，让自己在处理事情时更清醒，尽量避免被负面情绪所困扰。无论是与家人、同事或同学，和谐的关系都是安全感的来源，同时也让人更容易获得他人的支持。所以，善于处理人际关系的人，往往焦虑指数比较低。

角色=态度+行为

角色往往是在与人互动时产生的，所以，一个人的出现就必然会被赋予某一个角色，而角色多是通过态度和行为得以体现。所以，一个角色必然包括态度和行为的表现。这也同样会涉及态度和行为带给他人的感受。如何扮演好某一角色常常来自于自己对角色态度和行为表现的把握。

这里我们只谈论家庭之中的角色。在家庭之中，家庭成员之间互动时，人的感受会决定着人的反应。角色是否扮演得好大多取决于互动者的感受，这种感受也会相互影响，并且在这个过程中往往是心理感受大于行为感受，也就是说态度常常会比行为表现更重要。

生活中常遇到这样的现象：有一些父母为孩子做的事情很多，很操劳，可是孩子并不觉得父母为自己付出会有多么辛苦。在亲子关系咨询的案例当中，我们发现这种情况往往是因为父母在做的过程中态度不好导致的，虽然，他们会很努力地去做，为家庭付出了很多，但是，他们有一个特点，就是会不断责备孩子，不断对孩子发泄自己的不满情绪。这样的结果就是，父母所扮演的勤劳者角色会因为负面情绪的态度减分，也就是说虽然父母在行为上做得很好，但是态度上却并不好时，角色就会被减分，也就是被认可的可能性比较低。还有一些家长，虽然为孩子做得并不是很多，但是对孩子的态度比较好，也同样会被增分。这就是为什么有些母亲常说，自己为孩子做的事情要比孩子的爸爸做得多很多，但是孩子却对爸爸更认可更亲近的原因。

人与人的互动会产生一定的感受，而这种感受常分为两个方面：一个是行为上的感受，比如他做了什么？而另一个就是心理上的感受，比如他的态度如何？相比之下哪一种感受会更重要呢？实际上就人与人的互动而言，心理感受常常大于行为感受。

人与人互动的感受规律：心理感受>行为感受

比如一位妈妈为孩子整理房间，一边整理一边大声责备孩子把房间搞得太乱，这时孩子可能会更关注妈妈的责备，而非妈妈为他整理房间的行为。在青少年心理咨询案例中也有一些孩子说，与其因为被照顾而受到责备，还不如不被照顾，至少心情不会不好，同时也会觉得父母这种表现是因为他们并不是很高兴照顾自己。

还有就是家庭角色的分工。在一个家庭之中，需要有一定的分工，否则生活规律就会比较混乱，常会出现责任感不清，把自己应承担的责任推卸到其他家庭成员的身上，这样就容易引发一些负面情绪事件，会让家庭情绪氛围不好。

家庭角色所承担的责任需要根据每个家庭的实际情况有所侧重，比如母亲更细心，就负责照顾孩子生活上的事情多一些；父亲更理智，就多关心孩子为人处事方面的事情；而夫妻双方谁的工作能力强，谁就以工作为重，而工作能力弱的一方，最好以家庭为重，孩子在未成年时应以学习知识和技能为重，技能也包括生活方面的技能，比如独立穿衣、收拾自己的生活用品等。如果家长有一方以工作为重，他就不适合管教孩子的学习，因为成人很容易受工作压力的影响，在指导孩子学习或面对孩子犯错误时会缺乏耐心。同时家长也有性格和文化水平上的差异，具体情况还需要根据每个家庭情况的不同来确定家庭中谁更适合负责什么，以避免角色与角色之间因分工不明确而产生的冲突。

父母也需要懂得尊重孩子的感受，如果父母常伤害孩子的自尊心，不懂得尊重孩子和保护孩子，孩子就有可能无法信任其他人能真心对待自己，父母对待孩子的态度，往往会决定着孩子在未来人际关系中是否能够感觉到安全。

家庭成员之间保持什么样的距离比较合适？我曾经在家庭关系实操体验课上，让学员们扮演一个家庭中的家庭成员。当学员被赋予某个家庭角色后，让他自由寻找自己的位置时，一般都会出现夫妻站在一起，而孩子会站在与父母保持一定的距离却并不太远的地方。如果被赋予的家庭角色来自于问题家庭，那么，这个家庭角色互动开始后，会出现孩子想与父母中一方在一起，并希望另一方远离一点，但是，当导师提示他一定要找一个自己感觉最舒服的位置时，孩子的角色就会慢慢离开父母，与父母保持不太远的距离，之后停下来不动，而夫妻会站在一起。这里需要说明的是这个家庭是一个并不存在外遇现象的正常家庭。这说明当组建了家庭之后，一旦被赋予角色，并"被允许"自由找寻位置时，一般人就会在家庭中找到自己最佳的位置，也就是会明白与家人相处时需要与其他角色保持什么样的距离。而这其中"被允许"的感觉是非常重要的。有很多人会觉得自己被束缚，无法按自己的意愿生活。这种情况常是来自家族的隐含动力，也就是存在深层问题，即之前讲过的代际遗传作用。

三、家庭序位对互动情绪的影响

家庭的建立与新生命的诞生是分不开的，没有孩子的家庭是不完整的，这并不是说不要孩子不好，而是没有孩子的家庭没有生命的延续，所以，从家族的角度会视为没有繁衍功能，也就是不完整的家庭。

而一个家庭的组建必然是从夫妻关系开始，海灵格曾说："父亲和母亲作为夫妻之间的关系是最基本的关系，夫妻之间所营造的良好的伴侣关系提供的力量才造就了好的父母。在良好的夫妻关系支撑起的家庭里，孩子才会感到有保障。"① 所以，夫妻关系不仅影响着双方的情绪，同时也会影响到整个家庭的氛围。子女在家庭中的感受基本上是来自于父母的情绪状态，父母之间感情好，子女就会感觉到家庭的稳定与安全；如果父母之间关系不好，子女会不自觉地介入其中，也会感觉到不安全或是情感分离的状态，情绪也必然会受到影响。

家庭中的序位对家庭成员之间的互动情绪会有一定的影响，家庭中处于首位的是夫妻关系。对于一个完整的单元家庭来说，父母序位都处于第一位，他们应是平等的位置。虽然传统认为乾为阳为父，坤为阴为母，父应在母之前。但是就古时的社会状况来说，一般都是父亲负责家庭的经济来源，所以，父亲比母亲重要。还有在古时男子比女子读书多，相对而言父亲比母亲更为知情达理，所以，家庭之中父亲常常起引导的作用，这也是很多家训都是由父亲起草撰写的原因。但是当今社会女子与男子的地位相同，受教育程度也相同，有一些家庭母亲不仅在经济上成为家庭的主导，同时在文化水平及个人修养上也同样起着主导作用，所以，对于当今社会来讲，父母应是平等的位置，遇事需要相互尊重对方的建议，共同协商。这样家庭容易和谐，家庭的情绪氛围相对也会比较好。

家庭是哺育孩子成长的地方，所以，孩子的感受是最为重要的，这影响着整个家庭乃至社会的未来，那么，什么样的家庭序位孩子的感受会好呢？

通过对个案心理咨询经验的总结及家庭系统排列个案的呈现，正常的家庭序位，应是先出生的人或先进入家庭的人在前在上，后者需要尊重先者。比如孩子一定需要尊重父母，弟弟妹妹需要尊重哥哥姐姐，否则，家庭情绪状态就比较差，家庭成员之间就容易出现矛盾，互动时负面情绪容易占主导。

家庭序位是否健康多是通过孩子的成长状态体现出来，如果孩子的成长状态良好，那么，序位基本是处于正常的状态。如果孩子的成长（身体和心理）总是出现问题，那么，就需要关注家庭的序位是否处于不健康的状态。

在家庭之中夫妻关系先于父母关系出现，拥有优先权。也就是说夫妻关系要优先于父与母的关系，在家庭当中夫妻之间的关系处于首要位置，这也就是说父母之间的夫妻关系要优先于亲子关系。因为一个家庭爱的源头是来自于夫妻结合时的情侣之爱，这种爱就如同一棵树的根一样，如果没有树根，树就无

---

① ［德］伯特·海灵格：《爱的序位》，世界图书出版公司 2014 年版。

法存活。所以，父母之间的感情在家庭当中占有最重要的位置，也就是说夫妻应以夫妻之间的感情为重，而后才是对孩子的关爱，如果对孩子的关爱大于夫妻之间的情感之爱，那么家庭的序位就出现了问题。家庭成员之间互动时情绪状态也容易出现问题，甚至有一些家庭中孩子会出现一些严重的心理问题。这说明，父母对孩子的爱多于夫妻之间相互的爱，爱的法则就会被打乱，家庭功能就容易出现问题。在个案之中，也会有这样的现象，一旦调整了家庭的序位，一些问题就很容易得到解决。

在家庭关系之中，从性别特征来讲，女人相对比较耐心细致，更适合照顾孩子的生活起居；男人心粗，但相对更坚强理智，所以更适合承担家庭的经济来源问题。而且，有调查数据显示，在一个家庭中，如果男人全心全意地服务于家庭，并关怀和忠诚于妻子，妻子更容易跟随与配合丈夫，两人的关系更容易和谐、稳固，家庭关系更为平衡，家庭氛围也会比较好。在这样的家庭之中生活的孩子会成长得更轻松、自由。一方面孩子不必为父母之间的关系操心而感到负重，另一方面孩子因为父母之间关系的稳定而对情感产生安全意识，更信任他人，并对自己未来的婚姻具有信心。所以，最佳的序位是男人优先于女人，但是，如果男人过于依赖，则不适合以男人优先，否则也同样会出现问题。如果男人是依赖型，而女人是独立型，这时最好是男人跟随与配合女人，这会让关系更和谐。否则男人所谓的"大男子主义"就会破坏整个家庭的情绪氛围，严重时还会导致家庭关系的破裂。

父母对孩子爱的方式也需要有顺序。父亲的爱对女儿产生好的影响，最佳的方式是通过妻子表达给女儿。同样，母亲对儿子的爱，也最好通过父亲表达给儿子。当父母通过这样的方式爱他们的孩子时，对孩子共同的爱会让夫妻关系更为紧密，孩子也会感到自由和安全。尤其是在孩子进入青春期后，这种爱的顺序的表达显得更为重要。如果夫妻中有一方与孩子关系的亲密程度高于夫妻关系时，另一方就会感到被冷落，就有可能出现对孩子的排斥感，长期下去也容易导致夫妻关系的疏离，甚至是关系的破裂，家庭的解体。所以，夫妻关系优先于亲子关系是合理的规则。孩子也有兄弟姊妹先后顺序的位置，按照时间的先后，年长的孩子需要关怀年幼的孩子，而年幼的孩子需要尊重年长的孩子，这种关系是年长关怀在先，年幼尊重在后。这样孩子之间的关系才能真正和谐。

古人也有"上慈下孝"这样的教导，也就是长辈需要对晚辈慈悲关怀，晚辈对长辈应当尊敬孝顺。在生活中，我们也会看到一些人对父母很好，但是，态度上却没有任何尊重，有时责备老人就像责备孩子一样，这些都有悖于序位法则。有些人可能会想这没有什么，家里一直就是这种习惯，比如父亲对爷爷就是如此。但是，很多人都没有觉察，我们有很多负面情绪问题多是来自于对序位法则的背离。如果在一个家族中，晚辈一直都不尊重长辈，那么这个家族就容易出现问题，亲属之间一直都存在不能和睦的现象。在心理咨询案例当中我们也会时常看到，对父母缺乏尊重的家庭几乎是没有和睦的，情绪策略基本都导向于负面情绪结果。而这种情绪策略往往会一代一代地相传下去，有时还会导致更深层的问题。这也是一种代际遗传所起的作用。

在心理咨询的案例中，一些家庭还存在着一些现象，孩子过于依赖异性父母，而排斥同性父母。这种现象是因为孩子过多介入父母之间的关系所导致的，这对夫妻关系和整个家庭的情感联结都没有好处，对家庭的情绪氛围会起破坏作用。还有一种现象就是父母对孩子过于依赖，什么事情都与孩子商量而不是与丈夫或妻子商量，这也是违背了序位法则，也会导致夫妻关系的疏离，让另外一方感觉自己不被尊重。

在序位法则中，孩子对父母的尊重，不仅表现在言行方面的尊重，同时也是对父母之间关系的尊重，对父母命运的尊重。比如父母选择什么职业，如何处理个人的人际关系等，这种尊重更容易让孩子接纳完整的父母。尊重父母，不介入父母的事情并不代表着不应该支持父母，不介入是一种尊重与体谅，而只有体谅和理解了父母之后，才会懂得如何更好地支持父母。所以，一旦尊重了父母，反而会与父母相处得更融洽、更温暖。否则，将会因为介入过多而产生很多没有必要的麻烦，有时还会导致子女产生过多的负面情绪或者是情感上的自我牺牲。有些孩子还会因为父母而放弃自己生活的自主权，这势必会使孩子的内心产生压抑，出现更多的情绪问题。

还有一些孩子认为自己的父母不懂事，处理不好一些事情，所以常想改变父母，让他们"生活得更有价值"。但是，这样做只会给双方徒增烦恼，一方面父母已经习惯了他们的生活方式；另一方面，自己感觉好的、对的，对父母来说未必会感觉好。还有就是这种态度本身已违背了序位法则，也会导致很多负面情绪的出现。因为一旦感觉父母需要改变时，其实表示自身对自己的接纳度是比较低的，因为深层的思想往往是想要改变自己，是对自己不接纳的一种外在体现。

所以，家庭角色需要遵从序位法则，以便让爱代代相传，让自己和下一代生活得更和谐顺利。

四、隔代育儿家庭的序位

隔代育儿在中国是比较普遍的现象，三代人之间的序位法则也需要给予关注，这不仅影响到夫妻原生家庭对下一代的影响，也会影响到整个家庭系统的内在动力是否健康。

老年人帮助子女带孩子，更多的是以安全为主，在家庭教育上却会表现出力不从心。从序位来讲，已成家的子女的家庭是一个独立的单元家庭，需要被尊重，而子女一旦独立成家，父母的家庭就只是原生家庭，子女在成家后应以自己的家庭为主，如果过于留恋和依赖原生家庭，往往会导致自己的婚姻出现问题。曾接待过一位来访者，女，50岁左右。因为焦虑情绪，睡眠不好，前来咨询。当时与她的丈夫同来，主述自己总是控制不住地想事情，多是想自己娘家的父母和弟弟的事。她说自己对父母非常好，大事小事都要管，有时也会觉得很累。当时分析她过于依恋与父母的情感，导致她没能更好地关注自己的家庭，这样的状态对婚姻起到一定的破坏作用，如果丈夫非常包容也许还可以维持。说到这时，她说这已是第三任丈夫了，她没有想到自己的婚姻状况还会与她过多操劳娘家的事情有关，但是，她回想了一下，她的确把父母看得比自己的丈夫和孩子要重要得多，并且也觉察了自己存在不愿脱离父母的心理，因为每次为父母做事，父母都会夸奖她，她一直都喜欢被父母夸奖的感觉。这个案例已说明了家庭序位法则的重要性。

一个人成家之后，家庭序位就会发生变化，如果还以把原生家庭放到第一位，那么，就难以真正独立起来，也很难真正对自己子女的成长负起责任。所以，一旦组建了一个新的单元家庭，就需要以这个新的单元家庭为重，也就是需要把这个家庭放在第一的位置。这并不是说就不管自己的父母，而是先处理好自己家庭的事情后再去关注父母的事情，当然，父母生病或年老需要照顾时也必须负责照顾，这只是需要，而不是把原生家庭放在第一位。婚后还把原生家庭放到第一位的表现在于，更多地介入父母的生活。比如，父母应该怎样生活，家具应该怎么摆放，父母应该怎样对待家庭中的其他成员等，同时却会忽略自己丈夫和孩子的生活，这样做违背了序位法则。

作为父母，子女成家之后，就需要懂得尊重子女的家庭习惯，而不应该希望自己可以成为子女家庭的主导，否则就容易出现问题。一方面有可能引发与子女配偶之间的不良情绪，另一方面也有可能导致隔代育儿的问题，如过于溺爱孩子而导致孩子的能力发展滞后等。

曾接待过一个案例，因为女方的父母一定要与女儿同住照看孩子而常发生家庭冲突，家庭情绪氛围紧张，整个家庭常以负面情绪为主导，因为家庭之中大事小事女方的母亲都要管，不满意时就会吵闹，所以男方感觉很难再忍耐下去（男方说再这样下去只能选择离婚），一家五口一起前来咨询。咨询后，女方父母同意搬回自己的家中，只负责接送孩子，不再介入女儿家庭中的事情。之后，虽然家庭情绪氛围转好，但是，却发现孩子能力发展滞后于同龄人，后期对孩子进行了调整，经过孩子父母的努力，孩子才慢慢适应了小学学习生活。从中导致孩子发育迟于同龄人的原因是老人在带孩子的过程中过于主观，不愿让孩子的父母管教孩子，以至于没有让孩子及时学会应有的生活技能。这也是没有遵循序位法则所导致的结果。在这个案例中，老人没有尊重子女对自己家庭的主导权，没有对子女如何教育孩子给予相应的尊重，结果导致了以负面情绪为主导的家庭情绪状态，还使子女的婚姻出现了危机。

所以，在家庭系统中，老一辈需要懂得尊重子女具有他们自己家庭的主导权，对子女的支持只是一种协助，而非主导，否则就容易破坏家庭关系的和谐。而晚辈则需要懂得尊重父母自己对自己家庭的主导权，在婚后不要过多地干预老人们的生活，并且需要关注自己对原生家庭的依赖心理所产生的破坏力。

祖父母或外祖父母都无法替代父母的作用，在家庭之中不仅需要遵从家庭序位法则，同时也需要自己承担起在家庭中的角色责任，以爱和温暖作为家庭的情感连接，注重家庭成员之间的界限和序位，彼此尊重，并独立承担起自己家庭角色的责任，这样家庭成员才能更好地从家庭之中获得力量并被家庭滋养，更安心地发展自己的事业，保持良好的家庭情绪氛围。

思考题：

1. 你如何理解家庭文化的定义？
2. 家庭文化都有哪些功能？
3. 中国传统文化有哪些特征？
4. 你如何理解"孝"？"孝"的更广泛而重要的意义是什么？
5. 家庭文化对人情绪有什么影响？
6. 什么是代际遗传？代际遗传能被改变吗？
7. 家庭文化形成的规则有哪些？你是如何看待这些规则的？
8. 你如何理解"家庭角色"？
9. 家庭序位的作用是什么？

第四章 家庭情绪与管理方法

家庭情绪状态，并非是家庭成员个体情绪状态之和，而是家庭成员之间个体情绪状态相互影响后的整体情绪氛围，也就是家庭成员在家庭气氛之中所体验到的情绪状态。比如是愉快轻松的，抑或是压抑沉重的，抑或是恐惧不安的等。在一个家庭之中，家庭的情绪状态常常取决于父母的情绪状态，父母在家庭中的情绪状态及表达情绪的方式，会成为孩子模仿的对象，并会以认同的父母情绪表达习惯而去领会他人情绪表达的含义，也就是说孩子会不自觉地以父母的情绪表达习惯为依据，以此去理解其他人情绪表达的动机和内涵。所以，父母的情绪状态不仅会对整体的家庭氛围起着主导的作用，而且也会影响到孩子的情绪表达习惯及对他人情绪表达习惯的理解，从这个角度来看，家庭情绪管理不仅可以让家庭成员受益，同时也会对孩子的成长产生深远的影响。

家庭情绪管理也是家庭成员之间的互动情绪管理，以达到建立良好家庭关系的目的，同时也将提升家庭成员整体的愉快度和幸福感。所以，家庭情绪管理学是一门以研究家庭成员如何管理好在家庭之中与其他成员之间互动情绪状态的学科。

第一节 父母元情绪理念的类型和对孩子的影响

一、父母元情绪理念的概念与类型

（一）父母元情绪理念的概念

父母元情绪理念是指身为父母在面对孩子的情绪行为时，父亲或母亲会潜意识地运用自己元情绪理念的模式去评估孩子的情绪表现，理解孩子表现此行为背后的需求和目的，它具有让情绪自动运作的功能。

元情绪是指在情绪体验中，个体不断地对自身的情绪进行监控、评价、调节和反思的过程，是对某种情绪产生的体验与感受。而元情绪理念是指影响人的情绪反应的固定思维习惯，是一套与情绪记忆相关的认知及行为反应模式。它会随着个体的经历而反复被使用，进而形成一套特定的、固定的思维模式。

（二）父母元情绪理念的类型

黄梅琪把父母元情绪理念分为：教导型、不干涉型、摒除型、失控型四种类型。

1. 情绪教导型父母元情绪理念

这一类型父母能够很好地觉察自己与孩子的细微情绪变化，尤其当消极情绪出现时能够及时做出反应。这类父母会利用孩子消极情绪出现的机会，以理解的角度同孩子建立亲密感，同时也会借此教孩子如何处理自己的情绪。这样的家长能够确定孩子的各种情绪反应，帮助孩子运用正确的词汇来表达自己的情绪感受，与孩子讨论引发负面情绪的原因，并共同讨论解决问题的方法。孩子从中不仅感受到家长对自己的理解与接纳，还学会了如何表达情绪感受与如何面对与解决容易引发自己负面情绪的问题。

这一类型相对比较健康，此类型的父母相对比较民主与宽容，他们会对孩子情绪习惯的形成起到积极的作用。

2. 情绪不干涉型父母元情绪理念

这一类型父母不关心孩子的情绪反应是否正常，对孩子的各种情绪表现不予理睬，不会主动去帮助孩子解决情绪困扰。他们认为孩子随着年龄的增长会自然而然地学会如何处理自己的消极情绪，认为对待孩子处理情绪的方式应该顺其自然。

这一类型有可能导致孩子出现问题后得不到及时的帮助与引导，相对而言，此类型并不是健康的，对孩子情绪习惯的形成无法起到积极的作用。

3. 情绪摒除型父母元情绪理念

这一类型父母对孩子的消极情绪反应比较敏感，但是他们关心的并不是孩子为何出现消极情绪，而是更关注消极情绪所产生的负面结果，因此他们会批评孩子的各种消极情绪表现。当他们发现孩子的心情不好或有情绪困扰问题时，并不会表现出理解或引导孩子如何去表达和处理自己的情绪，而是直接要求孩子尽快摒除消极的情绪状态，否则会给予一定的处罚。

这一类型有可能会导致孩子情绪问题加重，不是健康的，这样的家长缺乏共情能力，容易让孩子产生更多的压抑感，此类型对孩子情绪习惯的形成会起到负面的作用。

4. 情绪失控型父母元情绪理念

这一类型父母面对孩子的消极情绪时会表现出过于敏感，反应过于强烈，甚至会出现行为失控，如打骂孩子。当他们意识到自己的行为过激后，会表现出后悔。他们不会与孩子讨论引发负面情绪的原因，也不会讨论解决问题的方法。由于他们自己并不懂得如何正确地处理问题及自己的情绪，所以他们也不可能教导孩子正确处理消极情绪的方法。

研究发现，情绪教导型父母元情绪理念会促进孩子安全依恋的形成，不同类型的父母元情绪理念对儿童的情绪调节能力具有不同的预见性，进一步证明了情绪教导型父母情绪理念对儿童的情绪调节能力产生的影响最为积极。

黄梅琪采用质性研究，通过观察、访谈，分析得出儿童的情绪处理方式主要来自于对自己父母（尤其是母亲）的学习和模仿，如果父母能够建构起积极的元情绪理念，其子女的情绪应对方式会更健康。

二、父母元情绪理念对孩子情绪习惯的影响

父母的元情绪理念会在与孩子互动中体现出来，父母的元情绪理念主要表现在三个方面：

第一，对孩子的接纳度。父母在与孩子互动时的心态会影响与孩子互动的气氛。父母对孩子的接纳度越高，互动也就越愉快，孩子在父母面前也就越放松、真实，表达的内心感受也就越充分。反之，孩子将产生距离感。

第二，对孩子的理解角度。父母在与孩子互动时，对孩子所表现出的情绪感受、想法，是否可以从孩子成长的角度出发去理解孩子言行背后的动机，会影响到孩子对自己情绪表达的看法。如果父母对孩子情绪表现与年龄及孩子认知能力相结合去理解孩子，孩子就会从父母的表现中体会到情绪的安全感，同时从中也将学会理解他人。反之，孩子将产生对情绪表达的不安。

第三，对孩子的引导意识。未成年的孩子很难控制好自己的情绪，有时还会在公共场所发脾气，这时父母能否及时给孩子适当的引导，会影响到孩子情绪自我调节能力的发展。如果父母可以引导孩子通过语言正确地表达自己的内心感受，对孩子的情绪将会起到平复的作用，同时，对孩子情绪调节策略的形成也会有所帮助。反之，孩子将无法掌握正确的情绪调节策略。

父母元情绪理念在与孩子互动时会自然表现出来，父母本身的情绪表现会影响孩子对父母情绪习惯的模仿。在大量心理咨询案例中显示，很多孩子的情绪调节策略都会与父母相似，而这种相似性并非是有意识而为之，而是在幼年

时习得的。无论他们喜不喜欢父母的情绪表达习惯，这种模仿都将会对他们的情绪习惯的形成起到一定作用。除非在成长过程中向其他人刻意学习情绪调节策略，否则这种影响将会贯穿于他们的一生。

三、父母情绪表达对孩子情绪调节策略的影响

家庭是一个重要的学习情绪和表达情绪的场所。在家庭中，父母情绪表达是父母情绪社会化行为的重要表现，由此形成了整个家庭的情绪情感氛围。在家庭中，父母情绪习惯会通过情绪感染传递给孩子，孩子从与父母的互动中模仿和学习父母的情绪调节策略，可以说父母情绪的表达习惯对孩子社会情绪的发展有着重要的影响。有研究者提出了一个观察学习范式，指出父母的情绪示范（包括情绪调节）都被幼儿模仿过，父母营造的有效的情绪表达环境能让孩子学习情绪表达的强度和持续时长等。

有研究根据父母情绪表达的积极性程度将其分为积极情绪表达和消极情绪表达，一些研究者根据情绪的敌对性将家庭消极情绪表达进一步分为消极控制情绪表达和消极服从情绪表达。其中，消极控制情绪表达则指对非敌意性消极情绪（如悲伤、歉意、尴尬等）的表达。有研究发现，与消极服从情绪表达相比，父母的消极控制情绪表达更具破坏性，会导致孩子低水平的亲社会行为和低共情能力，而父母的积极情绪表达能正向影响孩子习得积极情绪调节策略。

研究证实，母亲的情绪表达在孩子情绪表达规则的发展中有更重要的影响。由于母亲是孕育和哺育孩子的人，她们与孩子的相处时间更长，对孩子的情绪表达更敏感，更关注孩子的发展，所以，母亲对孩子的影响更深。作为女性，母亲的情感也比较丰富，会更多地对孩子表达情绪情感，指导孩子的时候更多，对孩子的情绪认知发展起到的作用会更大。而母亲适量的消极情绪表达可以促进孩子对消极情绪表达的理解，使孩子能有更多机会认识自己的行为如何引发别人的消极情绪反应，由此根据他人的反应来进行情绪调整。相反，父亲的积极和消极情绪表达对孩子情绪表达规则的形成影响并不大。这可能是由于父亲很少对孩子表达情绪情感，给予孩子的情绪指导范围和程度较小，容易忽视和惩罚孩子的消极情绪表达。

总之，父母在家庭中无论是积极情绪的表达还是消极情绪的表达，对孩子来讲都有很重要的影响。如果父母之间对情绪表达是相互理解的，孩子就可以习得更多对情绪的理解与表达方式，进而会发展更加积极的情绪应对策略。

四、父母情感关系状态对孩子情绪习惯的影响

有研究表明:"父母融洽的婚姻关系会伴随着儿童良好的社会适应结果。"

人的情绪习惯与安全感有着较深的联系。如果在幼年时期常常目睹父母激烈吵架的画面,人际安全感就会受影响。因为对于幼儿来说,父母之间的关系代表着家庭的安全,而家庭也是孩子经济与心理支持的来源。如果父母之间冲突不断,将会导致孩子在未来的人生之中缺乏对他人的信任,遇事不愿去寻求他人的帮助,一旦遇到外界的刺激和打击时,会产生无助感,更容易表现出情绪波动较大、容易激动等情绪问题。

很多研究者都在强调亲子关系对孩子的影响,但是其中父母的情感关系对孩子的影响却容易被忽视。父母的情感状态影响着家庭的情感氛围,也会影响孩子对情感的理解。孩子在一个经常争吵或情感关系疏远的家庭氛围中长大,即使父母都对他很好,他对人与人之间关系的安全感也将会受到影响。曾遇到过这样的一个案例:求助者是一位中年男子,他爱人说他没有爱的能力,并且想与他离婚。他说他自己也觉得自己没有爱的能力,即使自己对他人态度上都挺好。他说他的父母对他都很好,但是,他知道他父母之间并不相爱。他觉得这影响了他去信任别人,并且不能信任别人真的爱自己。他也很难信任朋友之间有真实的感情,所以,他没有特别要好的朋友。虽然他对家人从行为上会表现得很关心,但心里却感觉自己并不爱他们,在发脾气时,也会常常说一些让家人感觉比较受伤害的话。

还有很多婚姻方面的心理咨询案例显示,父母的情感关系会影响孩子对情感的理解和对情绪的表达方式,还会影响到孩子与他人建立亲密关系的能力。

第二节 家庭情绪的核心影响力——夫妻关系

一、夫妻关系及感情基础对家庭情绪的影响

在对整体的家庭情绪氛围的影响中,夫妻关系占主导地位。对独立的单元家庭而言尤其如此。在独立的单元家庭当中夫妻的角色就是家长的角色,也就是对家庭具有重要责任的人,责任也表示着一定的主导权,对家人付出责任越多的人,也就越具有主导力量,这必将导致他的情绪状态会对家庭整体情绪氛

围产生重要的影响。而夫妻之间的关系会直接影响到家庭主导者的情绪状态，这必将会影响到整个家庭的情绪状态。应该说夫妻关系状态决定着家庭情绪状态以及家庭的情绪表达习惯。

对孩子来说父母之间的关系直接影响着父母的情绪状态。研究发现，家庭中母亲处于较为严重的婚姻矛盾中时，孩子的情绪调节能力就会较差；与之相反，家庭中母亲处于较为和谐的婚姻状态时，孩子的情绪调节能力就会比较好。来自婚姻暴力家庭的儿童会表现出更多的消极情绪体验。

正如《热锅上的家庭》[①] 一书中所描写的家庭一样，问题看似来自亲子关系，但是，在治疗的过程中渐渐就会将夫妻之间的问题凸显出来，面对婚姻问题时，他们宁愿投射到与子女的对抗上，也不愿面对彼此真实的内心感受。从中，也揭示了家庭的情绪规律：夫妻的关系状态决定了家庭的情绪状态，包括子女的情绪状态。

在亲子关系问题咨询中，这类问题是非常常见的，同时也有一些案例可以证实，母亲在孕期中如果不断处于吵架状态，对胎儿的影响非常大，如果在怀孕期间出现想要打掉孩子的想法或击打腹部，都会导致孩子出生后显示敌对或抑郁情绪。所以，夫妻关系不仅在影响着彼此的情绪，还会影响到子女情绪习惯的形成。

（一）夫妻关系的内涵

夫妻关系是指由合法婚姻而产生的男女之间在人身和财产方面的权利义务关系。夫妻关系是家庭产生的前提，是家庭关系的基础和起点，同时也是家庭关系中最核心的关系。

1. 从夫妻关系基础的视角可分为情感型、功利型、合作型。

（1）情感型

情感型有两种类型，一类是因外表与性的吸引而结合的夫妻。这种类型夫妻看重的是外在的吸引力，这类的婚姻基础容易被动摇，因为外在美貌和性魅力在日久的相处中会逐渐减弱，假如婚姻缺乏其他基础（如信仰的一致，共同的兴趣爱好等），或不能转化到以双方人格相互接纳与包容为基础的情感，那么这种婚姻往往容易出现危机而导致关系破裂。另一类是以人格的相似或互补为情感吸引作为基础的结合，由于人格具有相对的稳定性，不容易改变，所

[①] ［美］奥古斯都·纳皮尔·卡尔·惠特克：《热锅上的家庭》，北京联合出版社2015年版。

以这种结合一般会比较稳定，容易形成互相理解互助的幸福婚姻。

（2）功利型

功利型的夫妻缺乏两性吸引，是以情感之外一系列的经济或物质条件作为基础而结合的，在这种关系之中，当夫妻双方对婚姻的欲求相对平衡时，婚姻能维持得比较好，并且双方会感到满足。但是，如果夫妻有一方对婚姻的欲求得不到预期的回报时，往往会出现不满情绪，容易导致婚姻危机。同时，由于建立夫妻关系的起因是一种理性的利益选择，所以，至少其中一方难以获得情感满足，往往在双方关系紧张时，一方或者双方容易寻找婚外情以填补情感上的缺失，容易导致关系破裂。

（3）合作型

合作型的夫妻，与互补情感型的夫妻有些相似，但在建立关系时比互补情感型的夫妻更理智，他们往往更重视对方的生活能力，同时也愿意与对方培养应有的情感。在婚姻关系中强调合作与分工。双方平等地分担家务，根据各自的特长分工料理家政。合作型和互补情感型的共同点是，双方均对自己的家庭角色负责，对对方有相应的期待与回应，彼此都能认识到双方在家庭中的价值，有较强的责任感，家庭生活较为和谐、稳定。

2. 从夫妻互动状态的视角可分为建设型、惰性型、失望型、一体型。

（1）建设型

建设型的夫妻双方会为共同生活目标而努力工作。他们为创建好的家庭环境、教育好子女而共同努力，为达成家庭阶段性目标而密切合作，并且在这种共同的努力中感受生活的意义，使婚姻得以维持与发展。这种互动类型的夫妻在遇到情感、亲子、职场等问题时，常会表现出相互支持。但是，如果过于关注共同的利益建设，必然会导致精神生活的缺乏，有可能会使婚姻缺乏乐趣。

（2）惰性型

惰性型的夫妻双方都不愿进行任何新的尝试，他们希望生活可以没有任何变动，并会期待对方可以为自己付出得更多一些，遇到不如意的时候容易产生抱怨情绪，但是又不愿去解决所抱怨的问题，这会导致双方对婚姻失去热情，使婚姻关系较难维持下去。

（3）失望型

失望型的夫妻双方结合的理由往往会建立在对对方的期待之上，虽然婚后双方都期待建立美满的婚姻生活，但婚姻生活并不是他们所期待的样子，所以会感到失望，导致相互的厌离，最终会共同面对婚姻的解体。

(4) 一体型

一体型的夫妻双方在婚前的感情一般都比较好,在婚后长时间的共同生活中相互关怀、相互合作,在习惯与爱好上相互影响、适应彼此而融为一体。双方都把对方当成自己生活中不可缺少的一部分,彼此恩爱,相敬如宾。此种类型的夫妻关系稳定,家庭之外的人际互动较少,导致彼此过于依赖,一旦一方离世,另一方容易出现严重的心理问题。

不同类型的夫妻创立的家庭情绪氛围也会不同,情感互补型与合作型容易形成建设型和一体型模式,这两种类型的互动容易体现出健康的情绪表达模式。而其他型的夫妻在互动中容易出现情绪问题。

3. 随着时代的发展,夫妻间交往交流的形式也更加复杂,出现了几种有别于主流形式的其他夫妻类型。①

(1) "协议"夫妻

这一类型的夫妻会通过签订"婚姻合同"而确立婚姻关系,以"合同"作为约束婚姻关系的标准,他们不但会对自己的财产进行公证,还会对一系列婚后会产生的问题立下协议。这让夫妻关系契约化,淡化了情感成分,虽然看似冷酷,实际却使夫妻关系更为透明可信,因而也受到很多人的青睐。

(2) "假日"夫妻

这一类型的夫妻明确约定分开居住,在生活上也会相互关心,平时互相通电话,在规定的日子里品味夫妻共同生活。至于分开的原因,有的是因为本人或孩子工作学习地点的需要,平时分居,假日相聚。有的是再婚夫妇,他们平时分别住在自己的住所,平日有需要时会彼此通话与见面,到了周末或节假日,会相聚在某一方的家中。有的夫妻则是为了使双方保持一定的自由度、新鲜感,约定周末或假日才相见。

(3) "留守"夫妻

这一类型的夫妻长期两地分居,只是彼此间仍有一纸婚书相连。他们中相当多的人已经对双方共同生活缺乏乐趣和激情,但也没有发生过严重的夫妻关系问题,只是因为考虑家庭的其他方面(如对孩子的培养等)而选择分居。他们不愿意离婚,不愿意面对办理离婚所带来的压力或经济上的纠纷,宁愿做"名义"夫妻。也有一些夫妻因为工作的原因,一方需要长期居住在外地,造

---

① 武秀英:《关于性·婚姻·生育家庭的研究》,山东大学出版社 2005 年版,第 91~93 页。

成了已婚的"留守夫妻"。

(4)"网络"夫妻

这一类型的夫妻双方通过网络相识、相爱、结婚，但是婚后仍然不能生活在一起。只能利用网络进行沟通交流。他们虽然无法常常见面，但是他们已习惯于通过网络倾诉彼此的情感，相互给予心理上的支持，所以这种关系相对稳定后，也不会觉得疏远。

应该说夫妻关系建立的基础是爱情，夫妻关系的重要特征是两性合法地共同永久居住在一起。基于爱情以外的其他利益，或者夫妻长期分居的婚姻都是不道德的。夫妻关系中任何一种成分缺失都是一种不完美的婚姻。不同的夫妻关系类型造成了不同的家庭成长环境和亲子互动方式，对孩子的成长会产生重大的影响。长期的夫妻分居可能会造成孩子成长中的父母角色缺位，对孩子成长产生不同程度的消极影响。

(二)夫妻感情基础对家庭情绪的影响

夫妻的感情基础会直接影响到双方对对方的态度，所以，夫妻之间感情基础也是大部分夫妻关系能否相处好的根源。有感情才愿意为对方付出，才愿意为与对方可以和谐相处而做出改变。有人说"婚姻是爱情的坟墓"，婚后就只剩下亲情了，好像这种亲情的陪伴并非是婚后的人们想要的，于是总有一些人会去追逐新的恋情，让自己去再次体验一种美好的爱情，以为可以找到不需要转入亲情的爱情。但是，这样的人都会以失望告终。为什么呢？因为相爱是一时的感觉，相处才是让爱深化的过程。只有一份爱变成了不能离舍的亲情，才是真正的幸福。

也许因为年轻，所以，一些人会以为分手是最省心的方法，似乎自己还可以再找到更好的伴侣。但是，当他们一次次恋爱分手后，才懂得他们其实只是渴望着一个人能与自己白头偕老，能与自己安然相伴。然而，这种幸福只能通过良好的相处才能得以实现。相处其实就是一种互动，而互动必然会产生情绪，感情基础越好，也就越会关注自己的情绪对对方产生的影响，不愿因自己的负面情绪而让对方受伤。所以，夫妻在婚后，也需要重视对情感的维护，只有保持好双方的情感基础，相处才会更顺利，负面情绪才会减少。这对家庭整体情绪氛围也将有着直接的影响，例如：孩子看到父母感情很好，相互信任，不仅会让孩子感到家庭关系的安全，同时也让孩子从父母身上学习到情感维护的必要性，还会把这种感觉迁移到更多的人际关系当中。而且在他们眼中，相爱的父母愉快度要高于不相爱的父母，这对孩子都是情绪调节策略的正面影响。

相爱的夫妻，更容易感恩对方为自己及家人所做的事情，更容易对彼此付出的努力和价值给予充分的认可，学会多欣赏对方身上的优点，久而久之就会自然而然地形成良好的家庭情绪氛围。

(三) 夫妻相处模式及对孩子情绪习惯的影响

1. 缺乏交流模式

这样的夫妻在遇到问题时，相互不太过问对方的想法，当遇到意见不合时，常采取回避的方式，有些夫妻甚至会几天都不说话。这种氛围会对孩子产生非常负面的影响。夫妻之间的这种相处方式，会让孩子感到压抑，容易形成消极的情绪习惯。在这种环境下成长起来的孩子很难学会如何表达自己内心想法及自己的情绪感受，也就很难懂得运用交流解决自己所面临的问题。

2. 相互竞争模式

这样的夫妻时常处在"我才是对的"思想中，遇事总要争个"我对"，有时在这种竞争中，不惜吵架或大打出手，常想以吵闹的方式达到自己预期的目的，使家庭情绪氛围处于紧张的状态之中。这种夫妻相处模式常会让孩子感到家庭关系不安全，容易使孩子产生焦虑与恐惧的情绪，争吵不仅会让孩子感到混乱，而且也会让孩子怀疑婚姻的意义和价值，同时也容易使孩子形成消极的负面情绪习惯。

3. 一方主导模式

这样的夫妻多是因为其中一方比较强势，而另一方不得不顺从对方，否则会出现较为严重的争吵，其中弱势的一方常会选择回避争论，以保持家庭气氛的平静。但是，这样的相处模式常会使弱势的一方感觉压抑，与孩子互动时容易出现对强势方的否定，所谓有苦对孩子倾诉。然而这样会让孩子介入父母的关系之中，孩子会感觉到自己无力去解决父母之间的问题，从而产生压力感和内在冲突。因为从孩子的角度，父母都是爱他（她）的人，父母的问题虽然与自己无关，但当看到父亲或母亲因彼此的关系问题而产生痛苦时，孩子会不知如何面对，也很难真正理解，从而产生苦闷情绪难以发泄。在这种家庭氛围中成长的孩子，面对生活时容易产生更多的消极情绪，很难形成积极的情绪习惯。

4. 互助合作模式

这种夫妻相处模式应该是最佳的相处方式。夫妻关系也是人与人之间的关系，合作能力的重要性也越来越被人们所重视，在家庭之中的合作意识也尤为重要。这种夫妻相处模式为相互帮助、相互配合的相处模式，双方会主动关注对方的需要，遇到问题后通过交流共同解决。家庭关系平等，民主意识比较强，夫妻可以在相互交流与配合中共同成长。夫妻因为更关注问题的解决，所以双方情绪不容易产生波动，家庭情绪氛围比较平静，在这种家庭互动模式中长大的孩子容易学会合作，也容易具有主动解决问题的意识，相对容易形成积极的情绪习惯。这样的孩子也容易形成健全的人格特征。

二、情绪习惯与婚姻关系

夫妻关系也是一种人际关系，可以说是一种最亲密的人际关系。在这个关系中，双方的性格因素起着一定的影响作用，而性格因素更多地会表现在情绪习惯上。

在一项研究中发现，男女同是内向型性格组成的婚姻，较男方性格为中间型而女方性格内向型或男女同是中间型性格组成的婚姻满意率明显偏低[1]。这说明了性格对婚姻关系所产生的影响，人的性格多是以一种情绪态度的形式影响他人，所以，夫妻的性格组合也会影响彼此的情绪，不过人对环境的态度也会随着阅历的增加而改变。性格并非一成不变，如果相爱，彼此就会相互关心，组建家庭之后也会相互体谅，并愿意为关系的和谐做出改变，在长期的共同生活中彼此适应对方的处事习惯及情绪表达习惯，以达到婚姻和谐的目的。另外，性格不是影响婚姻质量的唯一因素，生活事件、家庭行为方式、夫妻双方的心理健康状况以及性生活协调与否等均会对婚姻产生一定的影响。

正如罗素所说："美好的人生是被爱所唤起，并被知识所引导。"没有爱的人生不会美好，只有爱而没有必要的生活知识（其中包括如何表达自己，如何体谅他人，如何管理好自己的情绪状态）的人，也很难会让爱在相处中长久，所以相处方式决定着夫妻之间互动的幸福感。

在一些婚姻问题咨询中，我会经常提到这样的话："如果你可以与现在的妻子或丈夫相处好，那么你与其他人也可以相处好。如果你与现在的妻子或丈夫相处不好，就不要期待你自己不做任何改变就能与下一个人相处得更好。"人与人的相处，大部分取决于自己的情绪习惯。一个容易相处的人，必然会与大部分人都能相处得比较好。当夫妻遇到冲突等情绪问题时，离婚并不是解决

---

[1] 叶明志、温盛霖、王玲：《夫妻性格组合与婚姻质量关系探讨》，载《中国心理卫生杂志》1999年第5期。

问题的最好方法。如果离婚只是因为其中一个人对异性的需求变了，那么，下一个就可以满足他所有的需求了吗？答案是否定的。这也是为什么有些人一而再，再而三地离婚的原因。直到有一天，他终于想明白了，一切问题都出在自己身上时，选择改变自己后，才有可能找到幸福的归宿。

虽然也存在着婚姻某一方的情绪习惯问题比较严重的情况，如经常性地发脾气，甚至打人，另一方在离婚后与性格相匹配的人结合会更好。但是，从心理咨询个案经验的角度来看，这种情况很少，更多的还是当事人在选择改变他自己的一些不良情绪习惯后，才会真实地建立起良好的夫妻关系。

大量的案例显示，在恋爱时人们会不自觉地选择那些与自己家人有类似情绪习惯的人作为结婚对象，所以，人更需要关注自己与原生家庭成员之间的关系，与他们相处得越好，就越容易与自己的妻子或丈夫相处好。其中，首先需要关注的是自己与父母之间的关系。潜意识中，人会认为那些与自己异性父母有类似的情绪习惯的人更容易亲近，更安全。在意识下，人却无法很清楚地了解这种现象背后的动力来源是什么。正如，很多人并不清楚自己到底为什么喜欢对方一样，只知道自己喜欢与对方在一起，而这一切大部分是一种潜意识的选择。所以，一个人与自己父母相处的感觉很容易带到与爱人相处的感觉之中，有时对待爱人的态度正是对待父母的态度。这个过程也是一种情绪习惯的迁移。

在恋爱初期，人会把自己最好的一面展现给对方，同时也会因为热恋的激情而对恋爱对象百依百顺。但是，一旦恋爱关系确定下来，感觉关系已经比较稳定后，为对方付出的心就容易转向对对方的期望上，渐渐地变得要求多于付出，慢慢让关系不如最初时那么好。这是一个自然的过程，因为激情的热度过后，双方都容易恢复到以往真实的样子，在成为夫妻之后，以往的情绪习惯都会表现出来，有些人甚至还会随意发脾气，这时善于反省的人会懂得觉察自己，尤其那些对自己原生家庭的情绪氛围并不接受的人，会不断发现自己情绪的破坏力，进而改善自己的态度以建立良好的人际关系。否则，就容易走入情绪互动比较混乱的家庭关系之中，让自己及下一代都饱受负面情绪的困扰与折磨。

进入婚姻后，夫妻关系变得比之前更为安全，双方都会表现出说话比较随意，伤害性的语言也会加入进来，如果双方都了解这只是一种个人情绪的发泄，那么就不会有太强的破坏力，但是，如果双方把这种伤害当真，就容易产生冲突而引发强烈的负面情绪，导致关系出现危机。同时，结婚后，除了两人世界，还需要与双方父母相处以及与双方整体家庭关系网相处。如果情绪习惯不好，没有自主管理情绪的意识，就容易因不愿与对方家庭关系网相处而增加产生矛盾的几率。所以，一个人的情绪习惯也会影响婚后多方面的人际关系，而主要受影响的必然是夫妻关系。

三、外遇对家庭情绪的影响

外遇问题常见于婚恋咨询，应该说外遇问题给夫妻情感带来很大的伤害，有些被伤害方会因此而出现持续的情绪波动，有些还会因此而出现自杀现象。不可否认这是对家庭情绪有严重杀伤力的事件，同时也会带给所有家庭成员负面的影响，令整个家庭情绪氛围不好，并且对孩子的心理影响非常大。夫妻中受伤害方因心理不平衡而表现出来的情绪激越、行为上的过激（如大打出手）不仅会让有外遇的一方被困扰，也会影响到孩子的心情，容易引发孩子情绪低落，对家庭关系感到不安，同时也会减少对父母及他人的信任。在大量的案例中，我们可以看到，在有过外遇经历的家庭中成长的孩子，在成年以后会重复外遇行为，虽然当时对父母的言行很反感，但是这种影响力却会在潜意识中成长，似乎这样才能真正做到对父母情感的延续。这也必将导致另一个家庭的不幸。

因外遇问题前来咨询的夫妻，大多是在外遇事件刚刚被发现时前来咨询。这时被伤害方情绪会很激越，无法面对这一事实，会不断谴责外遇方，令双方及家庭其他成员的情绪状态都受到影响。如果双方因此而无法继续相处，一般会直接选择离婚，不会找心理咨询师进行夫妻关系的调整。而不愿意离婚的夫妻，一方面有可能因为害怕孩子因离婚而受到负面影响，另一方面，也有可能因为家庭经济问题而不愿选择离婚，还有一种情况是外遇方只是暂时被第三者吸引，出现外遇行为，夫妻双方仍有较深的感情连接，从而不愿意离婚，希望通过心理咨询可以帮助被伤害方恢复平静的家庭生活。

通过以下外遇问题的案例来看一下如何调整外遇所带来的被伤害感。

案例1

来访者是一位30多岁的女士，儿子3岁多，由丈夫陪伴前来咨询。

主述：两人自由恋爱结婚，婚后丈夫开了一家商店，经营情况还不错，自己在家带孩子为主，很少去店里。几天前因给丈夫打电话，一直没有接，就直接去店里找丈夫，结果遇到丈夫与一个女孩子亲热，当时就气得转身回家，马上提出离婚，丈夫不同意，并且在第二天就辞退了那个女孩子，并且表示以后永远不会再与那个女孩子往来。但是，自己越想越生气，一想到他们发生关系时的样子就难受，痛哭，并且打骂丈夫，丈夫一直容忍，希望她能平静下来，否则儿子将会受到很大影响，自己也觉得不能再这样下去，所以前来咨询。

来访者："我一想到他们那样子就恶心，并且会气得发抖。真希望一切都没有发生。"

咨询师："是啊，一定很难受。"

来访者："我来咨询，就想问一问你，我是不是应该离婚？怎样才能让我心情好起来？"

咨询师："想离婚的心情我理解，只是，我很想知道，你对你爱人还有感情吗？重要的是你真的准备好离婚了吗？"

来访者没有正面回答咨询师的问题："都是女人，你遇到这种事会怎么办？"

咨询师："人与人都不太一样，而且婚姻的基础也会不一样，所以我不可能真的面对你所面对的情境。最重要的是你自己的感受，你想如何做？"

来访者："就这样原谅他太便宜他了，我也想找个男人气气他！"

咨询师："对他做的事情你很气愤，这是可以理解的，但是，通过你所说，他一直都很认真地认错，并且第二天就把那个女孩子辞掉了，这些行为已经表现他以后不会再犯同样的错误。你觉得呢？好像你因为自己被辜负了而感觉心理不平衡，想惩罚一下他，所以，也想找个外遇。是这样吗？"

来访者："是这样，而且，我一想到他们在一起过就很难受，觉得他很脏，不想再与他在一起了。但是，又不能离婚，所以我该怎么办啊？"

咨询师："在生活当中，谁都有可能犯错，而你爱人的错误就是被一时的性吸引而做出了背叛的事情，正如你所说的，这是让你无法容忍的事情。但是，如果你也做了同样的事情，那么你爱人的感受也会难过，对你的爱同样也会减少，你希望这样的事情发生吗？现在他对你还有愧疚，但是，当你以外遇来平衡自己的心态后，那么，双方的感情都被伤害了，如果这样是不是离婚反而更好？"

来访者沉默了，低着头若有所思。

咨询师："如果离婚，你一定还会再结婚，如果你认为与其他女人在一起过的人很脏，那么，你再结婚的对象就一定要没有和其他女人在一起过吗？"

来访者："很难找到了。"

咨询师："所以，离婚之后也并不一定可以按照自己想的样子过生活。"

来访者："是。"

咨询师："选择原谅，他有可能会更爱你，从他的表现来看这一点是肯定的。"

来访者："那你觉得我再找个男人外遇一次，这样好吗？"

咨询师："这不是一个明智的选择。"

来访者："为什么？"

咨询师："你为了报复而随便找个男人在一起了，你想可以很随便就与你发生关系的男人会是什么样的男人呢？而你，并不是一个随便的女人。所以，这么做了之后，你很可能第二次受到伤害，等你报复情绪过去了，你很有可能后悔自己的冲动行为，并且也有可能为此体验另一种负面情绪而让自己无法恢复平静的生活。"

来访者："你怎么知道我不是一个随便的女人呢？"

咨询师："如果你是一个随便的女人，可能你已经去做了，而不必来问咨询师你要不要这样做。"

来访者："听你说完让我感觉好受一些，当我难受时，曾有人建议我也找个外遇，让自己平衡一下，我自己从内心中是不愿意这样做的。如同你说的，我的确不是个随便的女人。如果我原谅他的话，我要怎样才能让自己好受起来呢？"

咨询师："从人的心理过程来看，人想象出来的图像会对心理产生一定的作用，所以，首先，让自己做一个冥想：先想象自己看着他们在一起之后又分开，然后，对这个画面说：'对此，我选择原谅，并且让过去的都过去。一切都过去了。'之后多关注其他的事情，比如如何教育好3岁的儿子等，再想到这件事时，主动转移注意力，多关注爱人对你好的一面，渐渐会好起来。"

案例2

来访者是一位40多岁的男士，有个10岁的女儿，独自前来咨询。

主述："一周前通过她（妻子）的网络聊天软件记录得知她与一个男子发生了性关系，还在网上与一位女朋友大谈体验，我当时气疯了，打了她，她没有反抗。当时就想和她离婚，现在也很想和她离婚，她也同意离。但是一想到和她离了我还得分给她一半我的财产，还不如让她改好就这样过，何况女儿也离不开她，本想她能悔改，可是一周以来一点都没见她有悔改之意。"

咨询师："你为什么说她没有悔改的意思，她还在与那个人联系吗？"

来访者："当然没有，她还敢？我打死她！只是她的那种表现，像什么都没发生过一样。我让她跪下认错，她觉得事情都过去了，不要再这样，这让我很想不通！现在她没事了，我却一天天难受得很，不知要怎样才能好过些。"

咨询师："你认为她应该如何表现才对呢？"

来访者："至少她应该为自己所做感到羞耻，应该有个罪人的样子。"

咨询师："你说她同意与你离婚？"

来访者："是，她同意和我离，但是，我给她买了那么多首饰和名牌衣服，还有车，也不甘心就这样让她走。她长得很漂亮，转身再嫁人，我也挺难受的。"

咨询师："从道德的角度，每个人都应该对婚姻忠诚。但是，人都有可能犯错。从行为的角度来看，你爱人做出了错误的行为。每一个人都要为自己的错误承担后果，而错误已经发生了，你的妻子也已经承担了因为这个错误而遭到你对她打骂的后果，所以，她认为应该恢复正常的状态，毕竟你们还有一个女儿，也需要考虑一下她的感受。"

来访者："可我一想到她在聊天记录里说的那些话，心里就很难受。看她没事了的样子，总觉得她没准以后还会做这样的事情。"

咨询师："如果这样，你在心理上可能对她存在一定的依赖，害怕失去她。那么，你觉得你现在对她不断谴责会对她有什么样的影响呢？从你所说的她的表现上来看，她应该知道自己在做什么，也明白这样的事情的后果会对孩子不好。"

来访者："是呀，她什么都明白，她的态度让我感觉自己很无能。"

咨询师："也许，你们之间的相处并不是很好，所以，她才出现这种行为。从她的角度看，每个人都是一个独立的个体，都有选择婚姻的权力，谁也不是谁的主人和主宰。错误发生后，时间并不会因为你的不原谅而停滞，停滞的只是你自己的思想。你的痛苦来自于你的想法，在最初的时候与事件是相关的，但现在的痛苦只来源于你不愿意接受它的发生，并且不愿意让它过去，所以从客观的角度看，是你自己的想法让自己产生的痛苦感。你平时可能就存在害怕她出轨的心理，你会说关于她不可以与其他男人相处之类的话吗？"

来访者："会，她有一个男同事对她挺好的，当时我就让她注意点，最好与那个男的保持一定的距离。"

咨询师："这个男的是她的外遇对象吗？"

来访者："不是，她找的不是她单位的人。"

咨询师："控制欲太强反而不好，不断的提醒有时会成为一种负面的暗示，暗示对方事情有可能发生。"

来访者："会这样吗？"

咨询师："如果有人总是不断提醒你要注意与其他女人保持距离，你会有什么感受呢？"

来访者："哦，也是，越这样我可能会越想与其他女人好。"

咨询师："嗯，也许你已经知道了自己在这个事件当中的责任。"

来访者："我明白了，也许我的确有些方面做得不好。"

咨询师："如果还希望一起生活下去，与不断指责她相比，多关注你们曾经相爱时的感受会更有利于恢复关系。而恢复没有外遇时的正常夫妻关系才是你真正待期的吧，你觉得呢？"

来访者："我得好好想想……"

在这个个案中，咨询师纠正了来访者的不良认知，并且促进了来访者对自己言行的觉察。经过几次咨询调整后，夫妻基本恢复了正常的家庭生活状态。

人与人的关系是相互影响的，所以，一方出轨不一定都是一个人的错，多从个人的角度找原因对事情的解决常常更有帮助。人的情绪状态，大部分来自于自己的内在心理活动，人应该了解，自己的"坏心情"常是自己对外界的理解与评价导致的，而并非单纯是外界对自己产生的影响。所以遇到情绪波动较大时，需要反观自己内心的活动，分析自己内在的想法是否存在不合理之处，懂得爱护自己，建立起健康的内部对话，使自己不再受负面情绪的影响。

四、婆媳关系对家庭情绪的影响

婚姻中除了夫妻相处，容易引发不良情绪的还有婆媳关系和亲子关系问题。亲子互动情绪管理会在后面的章节中讲到，在这里只谈一下婆媳关系对家庭情绪的影响。

婆媳关系，一直是家庭关系中比较容易出现问题的关系，之所以会成为一些家庭关系不和睦的主要问题，就在于婆媳双方都爱着同一个人。媳妇是儿子最爱的女人，母亲是与丈夫关系最紧密、最信任的女人；母亲如果有更多的孩子，也许她就不会太在意这个儿子爱别的女人比自己多，甚至还会因为一个新的女人进门而对她比对儿子更亲近一些，这时婆媳关系就容易相处得好。但是，如果这位母亲只有这么一个儿子，或在孩子中最疼爱这个儿子，那么，这位婆婆就很可能会潜意识地排斥这个儿媳。这种潜意识的排斥很难让她自己清楚地觉察到，因为意识下，她希望自己的儿子婚姻幸福。所以，在这种潜意识的驱使下，这位母亲很可能会表现出对儿媳的一些言行上的不满，并且对儿媳本人也会表现出不满。

　　家庭互动中，也会有这样的现象：身为婆婆为了让儿子更在意自己，希望博得儿子对自己的认同，在儿子面前会说儿媳对待自己如何如何不好，但是却不会讲自己对待儿媳时有哪些不好的地方。如果儿子把妈妈的话太当真，去指责自己的妻子，这时妻子作为外来者会觉得丈夫没有把自己当成一家人，而只会维护他妈妈，反而会更生婆婆的气。这样便会激化双方的矛盾，儿媳会更讨厌婆婆，使双方无法保持面对面相处的和谐。一般情况下多是婆婆讨厌儿媳在先，才会引发矛盾，如果婆婆不介入夫妻关系，就不容易引发矛盾。所以，作为儿子，不要太在意妈妈说自己妻子的不好，更不能还没有搞清楚就对自己的妻子大加指责。因为很多案例中体现出的现象是，婆婆在单独与儿子相处时会表现得很好，而与儿媳单独相处时就会表现出与儿子在场时不一样。她们很希望儿子对自己更好一些，又害怕儿子认为自己对他所爱的女人不好，所以常常是当着儿子的面对儿媳妇很好，没有儿子在的时候说话或指责儿媳时就很随意。

　　所以，作为儿子和丈夫，需要懂得在遇到这类母亲和媳妇相互说对方不好时，只安抚那个对你讲话的人就好。也就是当听到妈妈说自己妻子时，以安慰妈妈不要生气为主；而当听到妻子说自己妈妈时，就以安慰妻子不要生气为主。并且一定不要介入她们之间的关系，介入越多，三人的关系反而会越不好。所以，对她们所说的话听过就过去，不要太当真，否则一旦介入往往会增加双方更多地对对方的排斥和负面情绪。如果，作为儿子和丈夫的人只安抚她们的情绪而不介入她们的纠纷，那么，她们就会从儿子或丈夫的态度中得到确认，认为自己才是被爱的人，反而不会引发更深的隔阂。时间久了，也就会慢慢地相互接纳了。

　　再从妻子的角度来谈一下。身为人妻和儿媳，进入一种新的家庭关系之中，需要懂得适应公公婆婆的脾气秉性，能否与他们处理好关系，也会影响到夫妻关系和感情。与婆婆的相处，最好是让婆婆感觉被重视，这样就更容易相处好，婆婆也会因此而减少对儿媳排斥的潜意识。对婆婆需要一直保持尊重，因为婆婆不是妈妈，如果儿媳对婆婆表现得像对自己妈妈那般随意，就容易引发前面提到的问题。所以，对婆婆需要表现出尊敬，有时客气一些也是必要的，这样可以减少没有必要的烦恼和夫妻间的冲突。毕竟婆婆是养育丈夫的人，因为她的养育，才会有现在的家庭幸福，所以，善待婆婆也是应该做的事情。

五、家庭中情绪的负面情绪宣泄

很多人都没有有意识地去学习如何管理好自己的情绪，或者说从来没有真正学习过怎样理解他人的言行才有益于我们自己的身心健康。所以，很多人一直都容易在产生不良情绪时，习惯于对关系最安全的人去发泄。这个最安全的人常常是自己的父母、兄弟、姐妹；而结婚后，让人感受最安全的人际关系，就是和自己每天在一起的妻子或丈夫。所以，夫妻之间的争吵有时是难免的，只要没有太过激或太频繁，争吵也不一定都是坏事（当然如果双方可以冷静地讨论会更好）。夫妻间的争吵往往是一种情绪激越的个人表达，在这种争吵之中，有时也会增进夫妻间更深入地了解对方的想法与态度。如果一对夫妻婚后一直都没有争吵过，那么有可能他们都是非常宽容的人。否则，不争吵比争吵更容易让一些问题激化。之前曾听人说："××与×××离婚了，太意外了，从来没有听过他们吵架，怎么就离婚了呢？那对天天吵架的夫妻没离，而他们却离了。"还曾听一些老人说："不吵不闹过不到老。"当时不太理解这句话的意思，在从事了心理咨询的工作之后，通过大量的婚姻案例明白了其中的真实原因。有时看似激烈的争吵是一件愚蠢的事情，但是，如果这对夫妻因为每一次的争吵，增进了双方的相互了解，那么，他们只需要改善他们的交流方式和增加情绪自我管理意识就好，这种争吵的结果是促进双方感情的。然而，如果双方不愿意交流，并且也不愿意就一些事情与对方争论，或者不屑于对对方发脾气，那么双方都必然会感觉到压抑，最终想分手也是正常的。家庭本应是因相爱相互关怀而存在的环境，如果缺乏了爱与支持，它的真实意义也就消失了。

但是，在一个家庭之中，太频繁的争吵也会让整个家庭的情绪氛围不好，所以，人需要懂得对家庭负责，需要管理好自己的情绪，尽量以平和的心态去解决生活中的矛盾，避免过激言行带给家人没有必要的伤害。

人们在发泄情绪的时候最容易犯的错误是不能就事论事，而是容易以事否定人，不正面解决应解决的问题，而只就一些无关的小事发泄自己对对方的不满情绪，这种发泄是有害而无益的。我们可以就事论事地说出自己的真实想法，不要害怕对方会有不良情绪反应，因为如果只拿着一些无关的小事去发泄，同样也会引发对方的不良情绪反应，而且无法达到相互理解的目的。如果直接说出自己的真实想法，有可能不用争吵就直接解决了问题。很多人时常会想象对方会如何，而不是真正去通过交流了解对方的真实想法，其实有很多的事情并非是像人们想象的样子。所以，一定要选择表达出让自己感受不好的内容，而不要只是单纯地发泄情绪。夫妻的交流非常重要，只是这种交流需要建立在相互接纳、彼此宽容的基础上。因为人与人之间的相处，不可能不存在矛盾冲突，所以，让自己内心更宽容一些，多从他人的角度想问题，才是走向幸福的唯一方法。

第三节　家庭成员自我情绪调节理论与方法

一、精神分析理论

进行自我情绪调节的第一步需要做的事情是自我情绪觉察，也就是对自己心理过程的觉察。这必然会涉及精神分析理论，精神分析理论与技术可以说是所有个案心理咨询的基础理论，对人心理问题形成原因的探寻无一不需要进行心理分析，因为人心理问题的形成都与其生命成长轨迹有着很重要的联系。所以，精神分析理论是自我情绪分析的基础。

关于个体精神分析，主要的基础理论来自于弗洛伊德的人格成长结构论，该理论认为人的情绪多来自内心的冲突，这种内心冲突受人格结构发展的影响。而在人格发展理论中，埃里克森提出的人格终身发展理论相对比较准确，从儿童、青少年、中年及老年人的心理咨询中，可以体验到埃里克森人格发展理论的科学性。这与他的个人经历有关，埃里克森曾于1944年参加了加利福尼亚大学儿童福利学院著名的纵向"儿童指导研究"，研究的主题有人的生命周期各个发展阶段中的冲突的解决和儿童游戏的性别差异。他的理论来自于实证研究，所以，他的人格成长八个阶段性的任务对个体心理发展咨询具有很有效的指导意义。作为个体自我情绪分析理论，主要可以使个体更清楚自己是在哪个阶段中受阻而产生对自己的负面评价及负面情绪干扰。

（一）弗洛伊德精神分析理论

弗洛伊德把人格视为从内部控制行为的一种心理机制，这种内部心理机制决定着一个人的外在行为表现，弗洛伊德将人格分为本我、自我和超我三个结构，人的心理活动受三者的影响，其中包括意识、潜意识和生本能、死本能的作用。人格结构中三者相互作用的不平衡状态影响了各种心理防御机制的产生。

心理防御机制：指个体对外界刺激的一种习惯性反应方式，有时是一种潜意识反应。这种反应的目的在于防止自我因挫折而引发冲突、焦虑和受伤感，保持心理的平衡与稳定。安娜·弗洛伊德系统总结和扩展了其父亲西格蒙德·弗洛伊德对自我防御机制的研究。安娜·弗洛伊德将心理防御机制分成15种[①]：

1. 压抑：是指个体把一些不愿意面对或不能被意识所接受的思想、观念、记忆或情感等从意识中排除，而以潜意识的形式影响个体的言行。压抑被称为最古老的和最危险的防御机制之一，它也是使用其他防御措施的先决条件。

2. 否认：是指当对外部事件的知觉象征性地与有威胁的冲动相联系时，人们会潜意识地阻止外部事件进入意识。否认是通过回避而排除对痛苦及危险的感受。

3. 禁欲：是指通过放弃一切欲望和快乐来保护自己。在青春期容易表现出这一心理特点。因为青春初期的青少年常会对自身出现的性冲动而感到不安，为了保持自己行为品德而禁欲。

4. 投射：是指把自己不愿意面对与接受的想法、欲望和思想等加诸到别人或其他对象身上。使自己感觉这些内容与自己脱离，以回避面对自己内心的真实想法。与压抑不同的是人没有抑制自己的思想和欲望，而是把自己不愿接受的思想和欲望等说成是其他人的思想和欲望，以避免道德感带给自己的伤害。

5. 利他：人们通过帮助他人而来满足自己被需要的需要。在某些极端情况下，人们可能会不惜放弃自己的需要来满足别人的愿望。

6. 转移：是指对某一对象的情感由于含有危险（或其他原因）而无法直接向该对象表达时，人们有时会把这种情感或冲动转移到其他对象身上，使自己的情感得到宣泄，心理得到平衡。

7. 自我约束：是把内心的欲望与冲动转向自我，而不是投射或发泄给某一个外在对象。这种自我约束有损于心理健康，容易产生自责、自罪感，严重者还会出现自虐和渴望受虐的现象。

8. 反向：是指把自己不被他人所接受的冲动或欲望以相反的形式表现出

---

① 毕金仪：《浅谈心理防御机制理论》，载《中国社区医师》2006年第22期。

来，以得到他人认可。他所表现的外在行为与其内在动机是相反的。

9. 反转：是一种类似于反向作用的防御机制，它可以把冲动从积极主动的方式变成消极被动的方式。这是因为原来采纳的行为方式是社会所不容许的，为了求得心理的平衡，人们便采取了这样一种反向作用的防御手段。

10. 升华：是把某些冲动和欲望提升到利益他人的精神层面，也就是以某种高尚行为表现转化内心的个人欲望与冲动。这是一种"本能目的替换作用"。

11. 心力内投：是把外部对象或某些人的特性和行为转移到自身的内心世界中，从而成为自己的精神与行为的一部分。

12. 对攻击者的认同：安娜把它也视为一种心力内投的防御机制。它是对自己所恐惧的人或对象的行为进行模仿和学习，使人在心理上感到自己就是那个令人恐惧的人或对象，以此来消除自己的恐惧心理。

13. 隔离：指人们把社会所无法接受的冲动或欲望在意识中保留下来，但与此同时却忽略其中的情欲和原有的意义，也就是把部分事实从意识中加以隔离，不让自己意识到，以免引起精神上的不愉快。

14. 抵消：是指人在发生了不愿接受的事情后，以一些象征性的姿态或仪式来抵消由此而造成的心理不安。

15. 退行：是指人们在受到挫折或面临焦虑、应激等状态时，表现出与年龄不相称的行为反应，也就是放弃了已经学到的比较成熟的适应技巧或方式，而退行到使用早期生活阶段的某种行为方式，以回避自己的责任或满足自己的某些欲望。

这些心理防御机制大部分会以潜意识的形式出现，潜意识是指人们意识不到的内心想法，由于现实的一些行为要求与道德规范的作用，人们将一些不符合要求的想法压抑到潜意识之中，但这些想法并没有消失而是个体只是回避去看到它们的存在。自我情绪分析很多都在分析潜意识对自己情绪的影响。

生本能是指人的生存本能，也指人们渴望满足自己欲望的本能和自我发展的本能。死本能是指对生命产生破坏力的本能，也指对自我发展（个人能力的发展、与他人关系的建立等）产生破坏作用的本能。

本我、自我和超我对人心理过程的作用会在自我分析的内容中详细介绍。

弗洛伊德认为，随着人性本能的逐渐成熟，性欲的焦点会从身体的一个部位转移到另一部位，每一次转换都带来心理发展的一个新阶段。他将心理发展阶段分为以下五个阶段①：

1. 口唇期：出生—1岁，这时原始的性力主要集中在口部，婴儿会从吮吸、咀嚼、咬等口腔活动获得快感和满足。这一时期及时的喂食是尤为重要的，如果婴儿在吮吸、吞咽等口腔活动中获得了满足，长大后会表现出乐观开朗等正面性格；如果婴儿无法由口腔活动中获得满足，长大后将会出现过分依赖而无法独立解决问题。

2. 肛门期：约1—3岁，自发排便会让幼儿因解除内急压力而产生快感经验，因而对肛门的活动特别感兴趣，并从中获得满足感。幼儿在排便的过程中父母会介入，以训练他们控制自己的大小便，如果父母与幼儿在这一时期发生较为严重的冲突，父母所创造的情绪氛围将对幼儿产生持久性的影响。如果父母因幼儿大小便不当而惩罚他们，就可能会导致幼儿变得过分抑制、脏乱或浪费。

3. 性器期：约3—6岁，性力集中投放在外生殖器，儿童从性器官的刺激中获得快感和满足。这一阶段，儿童表现出对性的好奇，由此会产生一些复杂的心理状况，儿童对异性父母有乱伦的愿望（恋母情结或恋父情结），希望能取代异性父母的位置，如果父母关系很好，又能够理解孩子的表现，儿童就会认识到异性父母力量的强大，同时也会因为害怕被惩罚而转向对异性父母的认同，使心理冲突得以解决。如果这一时期发展不顺利，就容易出现性力停滞而导致一些行为问题的出现，如攻击和各式各样的性偏离等。

4. 潜伏期：约6—11岁，这一时期性力会受到压抑，由于道德感、羞耻心等心理力量的发展，他们会对自己的性欲会加以掩饰，而更多地选择与同性交往，把性冲动转移到学习知识和游戏活动中。随着儿童在学校获得更多的问题解决能力和社会化意识的形成，自我和超我持续不断地发展；很少有来自本我的压力，也较少有内心冲突的困扰，这一时期是增长才干、学习和积累知识的好时机。

5. 生殖器期：约12岁以后，从青少年期到成年期，也是性成熟期，性力会指向对异性的爱恋，性力的满足来自"最终快感"。这一时期的初期，青少年需要学习如何以符合社会要求的方式表达自己的爱恋，以及正确处理自己的

---

① ［奥地利］格奥尔格·马库斯：《弗洛伊德传》，顾牧译，人民文学出版社2011年版。

性冲动。如果发展是健康的，就容易从婚姻和抚养孩子的生活中获得性力的满足。

在以上的发展阶段中，弗洛伊德认为性器期（3—6岁）阶段，男孩对母亲、女孩对父亲会产生异性间的亲密欲望，很希望自己在母亲或父亲心中是最重要的，从而会排斥父亲或母亲，这一阶段所产生的欲望被称为恋母情结（俄狄浦斯情结）或恋父情结（伊莱克拉特情结）。俄狄浦斯这一名字来自希腊神话传说中的故事，讲述的是俄狄浦斯王杀父娶母，这会让很多人将恋母或恋父情结视为一种变态的敌对心理，但是对大量个案的分析表明，这只是对性别身份的一种认同，并且趋于尝试着作为男人或女人与异性建立亲密关系。随着年龄的增长和社会环境的扩展，这种与异性父母之间亲密关系的尝试结果会让他们从中学会如何与他人建立适当的亲密关系。如：一个男孩与母亲关系很亲密，母亲会回应他这种亲密感，但不会发展到与他有性方面的爱抚，同时母亲会让孩子明白父亲才是她更为亲密的伴侣，那么，孩子就会从中学会这种适度的亲密关系。反之，母亲对孩子的行为一味地纵容，并且让孩子感觉到对母亲来讲他比自己的父亲更重要时，会导致孩子认为他人必须把自己放在第一位才是爱自己，并且会导致缺乏与他人保持适度距离感的能力，他们会把与母亲的关系经验推广到与其他人的互动上，这时就会引起其他人的反感，引发人际关系受阻的感受，这无法形成良好的社会化行为，感觉只有母亲才是能接纳他的人，病态心理会随之产生。

弗洛伊德认为，父母要正确对待孩子每个阶段的心理性欲发展，对待他们所表现出来的行为给予理解，但是，也要告诉孩子什么行为是可以被允许的，什么行为是被禁止的。在这一过程中，如果孩子的某种行为被过度压抑，孩子就容易固着在某一行为上。弗洛伊德认为，儿童早期的经验和冲突可能会影响成人后的兴趣、活动和人格。

（二）埃里克森的心理社会发展理论

虽然埃里克森也同属于精神分析流派，并且认同弗洛伊德的许多观点，但是，埃里克森并没有局限在心理性欲的发展上，而是强调了儿童具有认识世界的主动性，并且指出有活力的人格可以经受住内心冲突的影响。儿童会在每一次危机的应对中得以成长，从中增强了统一感和正确判断的能力，当他们学会了新技巧或新知识，会主动适应环境或学会对外界的要求做出有意义的反抗，这一过程中，人会了解自己所能把握的尺度，以及能够较好地与自己有密切关系的人相处。这种能力，埃里克森称之为"善于应付"的能力。"善于应付"

与萨提亚所强调的人需要提高"应对能力"的理念应该是一致的，认为人们可以通过学习提高自己对外界适应及应对能力，这种应对能力就是如何更好地处理与他人的关系及如何解决自己所面临问题的能力。

人在人生的每一阶段都有自己要应对的生活问题，埃里克森提出了终身发展理论，他认为成年之后人们也仍然有自己所要面对的生活问题，也就是危机或冲突，并指出人的一生中需要经历八个危机或冲突，而每一次的危机或冲突都与人的生物成熟程度和相对应的社会化要求相关，以此，埃里克森将人格成长按时间顺序分为八个阶段，每一个阶段都要面临一个相对应的危机或冲突，而每一个阶段的危机或冲突是否得到妥善解决会影响到下一个阶段危机或冲突的解决。例如，同一性危机是青少年时心理社会方面的发展危机，如果同一性对后期生命的发展没有形成决定性的个性化方式，这一阶段就无法通过，个体的心理状态还会停留在这一阶段而不能向下一个阶段顺利发展。

埃里克森曾在他的文章中写道："要高度尊重每个儿童的恢复力和机智应变，他们在广泛的生命方式和直接群体的大力支持下，学会了对早年不幸的补偿。"①通过以下八个阶段的任务，使我们更为了解自己人格成长中所经历的内容，能够更明确自己情绪问题的来源。

第一个阶段：0—1 岁，信任对不信任

埃里克森将人生第一年体验而获得的内容指向人对他人的一种基本信赖的形成，也是对一个人自己的一种基本信任感。婴儿在这一阶段感受到的是外界稳定的照料与需要的给予，他们就可以形成对抚养者的信任感，从而容易与他人建立可信任的关系。如果他们感受到的是冷落、需要被拒绝或者被伤害，他们就可能认为周围世界是不可信任和有被伤害的危险。对婴儿而言，母亲是最具影响力的人。

第二个阶段：1—3 岁，自主性对羞愧和怀疑

这一阶段是儿童学习"自主"（如吃饭、穿衣等）技能的主要阶段，发展顺利，就可以培养起独立性，获得"自主"感。如果儿童没能学会应有的"自主"技能，他们将会怀疑自己的能力，觉得羞愧。这一时期，陪伴儿童的抚养者是最具影响力的人。埃里克森认为这一阶段是否顺利还来自于儿童是否能够信任抚养者，也就是第一阶段是否顺利形成了与周围世界的信

---

① ［德］E. H. 埃里克森：《前青少年的游戏完形的性别差异》，载《矫正精神病学杂志》1951 年第 21 卷。

任关系。

第三阶段：3—6岁，主动性对内疚感

埃里克森将这一时期儿童主动性来源视为"良心"的作用。"儿童的良心可以是原始的、残酷的、不可调和的，"① 他们有可能学会了约束自己，顺从父母希望；有时会因为父母自己言行的不一致而让儿童认为父母的管束不过是一种专横的力量而已，由此便会产生深刻的退化和持久的怨恨。他们与抚养者之间所产生的冲突可能使他们感到内疚。如果冲突可以通过抚养者的引导使儿童的主动性与他人权利或目标达成一定的平衡，就可以形成健康的主动性。这一时期，家庭成员是最具影响力的人。

第四阶段：6—12岁，勤奋对自卑

本阶段的危险是产生一种对自己和自己任务的疏远—自卑感。这一时期儿童会进入学校学习，如果前期儿童在学习技能方面已有自信，这一阶段就容易对学习产生兴趣，并能顺利地掌握社会技能和学习技能，并因勤奋而产生自我确定感。如果学不会应学的知识与技能，他们会因与同伴的比较而产生自卑感。这一时期老师和同伴是产生社会影响力的人。

第五阶段：12—20岁，同一性对角色混乱

这一阶段是儿童期向成熟期过渡的青少年时期。此时的儿童会不断关注"我"的含义，会形成对"我"的印象与评价。这一时期青少年们需要了解"我是谁？"他们需要形成自我与社会角色的同一性，否则将因无法理解自己应承担的社会角色而产生混乱感。这一时期同伴是产生社会影响力的人。

第六阶段：20—40岁，亲密对孤独

这一阶段的发展任务是与他人建立起友谊和亲密关系。发展顺利就会因产生的爱与亲密感成立家庭，开始抚养子女。如果没有能力形成友谊和亲密关系，就会产生孤独感和隔离感。这一时期爱人、配偶和亲密朋友是产生社会影响力的人。

第七阶段：40—65岁，繁衍感对停滞感

在这一阶段，是否重视繁衍感会受人所处的社会文化所影响，40岁后成人面临的任务是把工作做好，并且需要为抚养子女而努力并获得繁衍感，或者为比自己年轻的人提供帮助而获得繁衍感。如果在这一时期无法或不愿意承担相关的责任，人就会产生自我停滞感。这一时期配偶、子女和文化标准是产生

---

① ［德］E. H. 埃里克森著：《同一性，青少年与危机》，中央编译出版社2015年版。

社会影响力的来源。

第八阶段：65岁以后，自我整合对失望

这一阶段人容易思考死亡和回顾自己的人生，对自己人生比较满意的人会总结自己人生的意义与价值，并愿意与自己的子孙分享。而对自己人生比较失望的人，就容易失去生活的乐趣和自我价值感。一个人的生活经历，特别是社会经历，将会决定这一最后生活危机的结果。

以上每一个连续阶段，对下一个阶段都是一个潜伏的危机。但是，需要说明的是，危机并不是灾难，危机只是指影响人生发展的关键时期，它是一个不断增加易损性和不断增强潜能的决定性时期，因而也是个体心理发育不良的根源。

二、情绪分析与自我分析方法

（一）情绪分析

自我情绪分析，是分析自己情绪状态的来源，也就是对自己产生情绪过程的分析。伊扎德提出了情绪激活四系统理论，并且认为其中三类属于非认知系统，认为所有的情绪激活都包括信息加工，但信息加工并不等于认知。但是，从人们对自己情绪觉察的角度来讲，认知是人们比较容易自我觉知的系统。人的情绪状态与很多因素有关联，有些因素是人难以自控的，其中也包括早年记忆的影响。这些因素会让人有可能瞬间产生情绪，而在冷静之后又会后悔自己在过激情绪下所做的事情，这一过程，也体现了伊扎德的情绪激活四系统理论的合理性。但是，人所能把握的只有认知，就如同在同一环境中长大的孩子，受过教育的人相对就会比没有受过教育的人理智一些，也就是受过教育的人因为情绪过激而犯错的可能性会小。认知是个体可以通过自己的努力而改变的工具，这个工具可以调节情绪。所以，人的情绪调节策略中认知是最重要的环节。

因为情绪产生的过程存在着人们意识下无法觉察的因素，所以，通常在负面情绪事件发生之后进行自我情绪分析。那么，如何进行自我情绪分析呢？在遇到情绪波动的事件后，首先要分析自己为何会产生负面情绪？而别人为何遇到同样的事情却不会产生与自己一样的情绪，之后再分析自己对事情的看法是什么，从认知内容方面存在哪些影响因素使自己陷入到负面情绪之中。这一过程与埃利斯的理情疗法的自我诊断环节相似，但是，重点在于自我情绪分析的目的只是分析自我情绪产生的过程，以达到对自我情绪状态的觉知。

如果在日常生活中，一个人负面情绪总是多于正面情绪的话，就需要做自我情绪分析，以达到改善的目的。否则长期处于负面情绪过多的状态，人内心对生活的幸福感受就会比较少，生活的质量也会受到影响，对他人和整个家庭都会产生一定的负面影响。从这一点看，人们对生活的感受常常来自于心理，而物质对人的影响力相比心理上的影响力要小，这也正是为什么生活在一些经济条件并不好的地区的人却会比生活在一些经济条件优越的地区的人的幸福指数要高。

我们对外界的认知会形成我们的思想内容，而我们的思想内容的变化也会影响到我们的情绪变化。我们来看一下，思想与我们情绪的关系。

1. 情绪会随着我们的思想内容的变化而变化

人活在世，情绪的起伏或平静会陪伴我们终生。而情绪一直都在随着我们的思想内容的变化而变化。人对外界的事物越敏感，思想内容也就会越多，情绪波动的频率也就会越高。比如，一个人如果对他人态度过于敏感，就容易猜想他人态度中存在对自己评价，也就容易引发情绪波动。而这种波动又会随着与他人关系的安全性的提高而产生变化。由于熟悉程度不同，人际互动时的想法和行为表现也会不同。当一个熟悉的人表现出态度不太好时，他会主动确认原因，而不是去猜想对方对自己产生了什么样的负面评价，而面对一个不太熟悉的人时，敏感的人就会因为猜想过多而受一定负面情绪困扰。在人际互动中，除非在成长或教育的过程中受到过良好的情绪控制训练，否则因诸多因素的影响，人很难既敏感又能很好地掌控自己的情绪状态。

情绪的波动多来自于人对外界的负面想法与评价。人的思想会随着对外界的认知和经验的不同而产生变化，这种变化也会让情绪状态随之改变。下面我们通过一个心理咨询案例来看一看思想是如何影响我们情绪的。

求助者是一位60多岁的女士，主述近来心情不好，总发脾气，丈夫感觉受不了了，建议她求助于心理咨询，并让女儿给她约了心理咨询师面询。

求助者是一个性格比较开朗的人，曾做过研究员的工作，现在退休在家，觉得丈夫对自己漠不关心，好像很讨厌自己，所以时常找丈夫论理，问他是不是想和别人好，为什么就不能多陪陪自己。丈夫的回答永远是没有时间，她很生气，见他不理自己就会去与他吵架。

咨询师问："您丈夫是做什么工作的？现在没有退休在家吗？"

来访者说："教师，干得好着呢！请他去讲课的人比较多。"

咨询师说："这样的话，他说没时间应该是真的，应该不会是因为不爱您或喜欢上其他人才不陪您,只是因为他要做的事情比较多。"

来访者说:"那也不可能一点时间都没有吧?就说他没课的时候吧,只守着一个电脑,也不知在做什么,根本不看我。人家老伴还能陪自己老婆看电视,出去跳跳舞什么的。他倒好,一点乐趣都没有,我让他陪我出去走走,要么没时间,要么陪我走时,一句话不说。我说你说句话啊,他说没有什么好说的啊。"

咨询师问:"你们的孩子结婚了吗?下一代的孙子孙女有需要您照顾的吗?"

来访者说:"我们有一个女儿,结婚了,是婆家帮着照顾着。"

咨询师说:"哦,这样。看您性格挺开朗的,朋友比较多吧。"

来访者说:"还行,平时挺愿意与人聊天的,一个人时觉得挺寂寞的。有时出门看人家成双成对地散步多好啊,他就不喜欢与我出去,更别说陪我跳舞。"

咨询师说:"您会跳舞?"

来访者说:"也不会,挺喜欢看的,看人家跳得可开心了。还有老伴陪着。"

咨询师说:"您是不是也挺希望自己能像别人那样,有老伴陪着,一起出去走走什么的?"

来访者说:"当然了!"

咨询师说:"您有看报纸或杂志的习惯吗?"

来访者说:"没有这习惯,现在对看书一点兴趣也没有,看了也记不住。所以他说他得看书,我都不信,看他也只看着电脑。电脑就像他的宝贝似的,连碰都不让!"说到这里她叹了口气。

咨询师说:"他一直都是老师吧?"

来访者说:"是。"

咨询师说:"听您说,他一直干得挺好的,请他的人也比较多,我想他讲课一定是讲得很好,讲得好的老师多半都喜欢不断更新自己知识,所以他应该没有说谎,现在电子书很多,存到电脑里又比较方便,应该看书的时候比较多。"

来访者说:"那也不可能天天看,有时候还打字,我问他,他说在回信。我想看写什么了,他还不让,他说我在他旁边会影响他。有什么可影响的,我和别人说他这样对我,别人说是不是和别人网上聊天呢?我说不会吧,都这个岁数了。她说，那也不一定。"

咨询师说："那您直接问他是否在聊天了吗？"

来访者说："我问了啊，他说没有，在回信。哪那么多信可回啊？"说着又有点表现出生气的样子。

咨询师说："您说请他讲课的人挺多的，那听他的课的人应该也不少吧？"

来访者说："是。"

咨询师说："那您每次问他时，他的表现怎样？态度很不好吗？"

来访者说："没有，他就是和我解释，也没生多大气。有时让我说得没办法了，就陪我看会儿电视或出去遛弯儿。也不说话，气得我说：'还不如不陪。'他就会说我无理取闹，我俩就得吵一架。然后他会说，不与你说了，说也说不清楚。"

咨询师说："嗯，可能我这么说您会生气。我也觉得您是有点'无理取闹'。"

来访者眼睛瞪大了一些，看着咨询师说："哦，没关系，我不生气。"

咨询师说："从他的行为表现来看，他说得都应该是真心话，一点也没有骗您。"

来访者说："为什么？您怎么看出来的？"

咨询师说："首先，他是个比较受欢迎的老师，听他的课的人应该比较多。每次课后都有可能会有学员发信来提一些问题。他的课程那么多，说明他的学生也会比较多，那么给他来信的人也会比较多。"

来访者说："哦，是吗？"

咨询师说："所以，如果他课程比较多，他的确会比较忙。很有可能没有时间陪您。而且，他应该挺在意您的感受的，因为您说他在没办法的情况下就会被迫陪您，是这样吧？"

来访者说："是。"

咨询师说："所以，他挺在乎您的。他再忙，有时也会满足一下您的要求，年轻时你们应该感情挺好吧。"

来访者说："还行。"但表情柔和了很多。

咨询师说："而且，他应该也是个比较有涵养的人。同时也是精神世界比较丰富的人，待人也比较好。"

来访者说："是这样，您怎么知道的呢？"

咨询师说："从他对您的态度看出来的，而且他又要回复那么多的信，这也说明，他对别人也都比较真诚，他待人挺好的。从我的角度来看，他可能比那些天天陪老伴出去的人生活得要充实很多，所以，他情绪波动的时候会比较少。"

来访者说："他是，很少发脾气。"说到这里她表情有些高兴了。

之后，咨询师又分析她退休后因生活内容比较缺乏，与人交往也相对减少，所以对丈夫关注会增多，同时也更渴望丈夫能多关注自己，而且也受到他人的影响，对丈夫表现出不信任，让丈夫感觉到有压力，所以希望她能通过心理咨询调整一下自己的状态。咨询师建议她增加一些不依赖丈夫陪伴的生活内容，比如多参加一些老年人组织的活动等。也与她说明了每个人的生活经历都是不同的，所以不需要与别人比较，"因为您不是她，而她也不会是您"。有很多时候这种比较只是不断地拿着片面的东西来烦恼自己。来访者是个很热情的人，印象比较深的是，她走后，特意又给咨询师发了一个短信："非常感谢您！您虽然年纪不大，但您的话让我想开了很多事情，其实我是个挺幸福的人，再次感谢您的开导！"

从这个案例中，我们可以看到一个人对事情的理解角度不同，想法就会不同，而产生的情绪就会有很大的不同。我们清楚地看到，情绪的产生，很多时候与现实无关，更多的反而是因为自己的主观猜想所引发的，一旦产生了猜想，就很难接受他人的解释，甚至忽视了很多正向的东西。所以，我们的思想内容才真正主导着我们的情绪和行为，由此可见，具有正确的思想对一个人是多么的重要，甚至可以从不幸的感受转而变得幸福起来。

2. 情绪策略与人的成长经历有关

对事情的思考角度，与我们成长经历相关。一个人对世界的看法，对自己的看法都在影响着自己的心情，而心情的外在表现是什么呢？是一个人的情绪状态。如"他今天好像挺高兴""他今天好像情绪比较低落""他今天好像挺生气"等。所以我们与人互动时无时无刻不在感受着他人的情绪，同时也在表现着自己的情绪状态。这说明情绪是一个人思想的外显，有了想法，就会有情绪的外在表现。有些人产生不良情绪的时候只会在表情中流露出来，而不会表现出不好的或给他人带来伤害的言行，这样的人往往可以较好地控制情绪对言行的影响力，从而可以给自己一些思考的时间，处理事情也会比较理智。而有些人只要有不良情绪的产生，就会伴有不良言行或对他人具有一定攻击性的言行，如对人发脾气、摔东西等，在情绪的产生和言行表现之间没有思考过程，只要想到了就直接通过言语表达出来，根本不会去考虑言行会带来什么样的后果，这样的人，当负面情绪产生后，就会对自己或他人产生较大的破坏力。还有一些人，会因为所处的场所不同而采取不同的表现方式，比如，在家中或熟悉的人面前很少控制自己的负面情绪，被激怒后会表现出暴躁易怒；而在工作环境中却有可能表现出较好的情绪自控力，对待他人也比较温和周到。

对一些案例的分析表明，人的情绪习惯多与家庭有关，几乎每个案例都表现出情绪习惯的传承性。也有大量的研究证明，父母的情绪策略会直接影响到幼儿的情绪策略。在一些青少年的心理咨询中，也会体现出与其父母类似的情绪策略，即使他们自己并不希望与父母的情绪习惯相似，也会无意识地习得父母的情绪习惯。这说明情绪表达习惯几乎是一种无意识的学习过程，当然，也有其他理论说明了遗传所带来的影响，但是，教育带来的影响力却是不可忽视的，同时也是我们可通过努力去改善的。

3. 案例分享

这个案例有一定的代表性，不仅呈现了孩子的错误认知，还体现了亲子互动中的问题。

曾有一个在读大学一年级的男孩子前来求助，妈妈也一同前来。他妈妈认为他心理有问题，而他自己却认为是妈妈有心理问题，所以同意与妈妈前来咨询，也希望通过心理咨询让他妈妈改变。他妈妈说，刚刚发生了一件事情，让他（儿子）很生气，自己（妈妈）无法使他平静下来，与他一说话他就发脾气，便建议他来求助于心理咨询师。他同意了，因为他也不希望自己一直这样难受下去。

男孩子主述：他和妈妈出去办事情，路过一所校园。男孩子想进校园上厕所，进入校门时被保安拦住，他与保安说只想上个厕所就出来，可是保安不让他进去，他很生气，想直接走进去，保安尽力拉住他，不让他进去，他一气之下骂了保安，他妈妈听到就马上过去把他拉开，并向那个保安道歉，还让保安不要生气。讲到这里他说："我真想揍他（保安）。"（下面是他与咨询师的对话。）

咨询师说："你为什么生这么大的气？他都说什么了？让你这么生气？"

来访者说："他说我不像好人。"

咨询师说："他见到你就直接这样说吗？那他有点太过分了。"

来访者说："不是，我进去，他说这里不让外人进，我说我想上个厕所就出来，他说厕所不对外。我执意要进去，他就使劲拉我不让我进去，我说难道我看上去不像好人吗？他说你就不像好人。我当时很气就骂了他。"

咨询师说:"他不让你进去时,你就已经很生气了是吗?"

来访者说:"是啊,进去上个厕所能怎么样啊?太不近人情了!"

咨询师说:"哦,你这样觉得是吗?我想这个保安应该年龄不太大吧?"

来访者说:"是啊,与我年龄差不多,大我也大不了多少。您怎么知道?"

咨询师说:"从你对他的言语行为表现来看,他应该是比较年轻,不太会处理事情,而且也是个脾气不太好的人。"

来访者有点吃惊:"为什么?"

咨询师说:"这样吧,现在咱们来看一下,这个保安为什么不让你进去,你觉得你是那个保安的话,你会怎么做?"

来访者说:"不就是上个厕所吗?有什么啊,进去一会儿就出来了啊!"

咨询师说:"如果你是那个保安,并被上级要求,不可以让任何没有学校内部证件的人进入,同时每一个门口都有摄像头,一旦被查出放没有证件的人入内,以擅离职守处罚,并扣除当月奖金。你又会怎么做呢?"

来访者沉默了一会儿,没有说话。

咨询师说:"所以,那个保安不让你进去,并非认为你不是好人,而是按照规章办事而已。"

来访者说:"那他也不能那个态度啊,如果不是我妈拉着我,我早就揍他了。我妈那态度,让我更生气,一个劲儿地说都是我的错,说我不应该骂人惹事。还一直对着保安道歉,她不帮我说话,还一直责备我!真让人受不了。"他说话的神情也变得生气起来,身体也动了一下。

咨询师意识到,说那个保安只是按章办事,让来访者觉得咨询师是站在保安的立场上说话,这让他心里感到不舒服了。

咨询师说:"我分析那个保安比较年轻,是因为他对你的态度反应,我相信他当时态度一定也不太好,说话的口气有可能不太客气。"

来访者说:"是啊,说话可冲了,我觉得他可能就是看不起我,才那样对我,所以我很生气。"

咨询师说:"应该不是看不起你,只是他本身脾气就不太好,而你对他也不是很客气,所以他就表现出更不好的态度。如果年龄大一点,经验多一些,可能就不会这样处理事情,会先保持一个好的态度,与你解释清楚,你可能就不会这么生气了。"

来访者说:"您说是我态度也不好的关系吗?"

咨询师说:"嗯,我觉得你当时可能情绪也不是太好,所以神情也会表现得不太友好，所以保安才会表现得有些无理。他可能感觉你有些敌意，所以更不敢让你进去了。"

来访者说："是，我当时是与我妈有点不太高兴，她总说一些让我不高兴的话。"

咨询师说："是啊，你的情绪也在影响着别人对你的态度。"

来访者没说话，神情表现出比较认同。

咨询师说："关于你妈妈，可能她对你的期望比较高吧，希望你能更好一些。"

来访者说："是，她总觉得我这不好，那不好的。有时让我感觉很烦。"

咨询师说："也许她只是不了解怎样对你更好。咱们来讨论一下刚才你妈妈的态度吧，她听到你骂那个保安，一定很担心会出事，所以很想马上平息这件事，所以拉你出来，她的做法是对的，只是她有些忽视了你的感受。"

来访者说："是啊，当时一点儿都没为我说话。"在说这话时，神情比刚提到妈妈时缓和了一些。

咨询师说："作为妈妈，她可能第一个反应是：'怎么又惹事了？'所以我分析你以前可能经常发生与人争吵的事情。"

来访者说："嗯，我容易被惹着，一火就容易与人打架。"

咨询师说："你妈妈可能一直希望你能更平安些，不再有事情发生，所以希望你能改变一下这种状态，你越不听，她就越着急，说你的时候也就更多了。"

来访者说："其实，我也不想惹事，可是就是控制不住。"

咨询师说："主要是你常认为别人的态度不是出于善意，同时也会认为别人都不太喜欢你。就像你自己先问那个保安：'我看上去不像好人吗？'那个保安开始只是按章办事，但你的态度反而让他觉得你不太好了。所以主要还是你自己的状态，会引发他人对你的态度或情绪。一个待人友善的人，更容易引来别人友善的态度。所以，如果那个保安是个比较会处理事情的人，先保持以友善的态度对待你，可能结果就不同了，事情也有可能会很平静地过去，也就不会有争吵了。所以，以后能从自己对他人的态度入手，先保持自己态度的友善，我想可能就会减少发生与人冲突的事情。"

谈到这里，来访者的情绪已基本平静了。后来咨询师又谈到来访者人格形成的原因，也同来访者妈妈谈了谈，主要指出妈妈应该多关注孩子的感受，同时也给了一些建议，在这里不再详述。

从这个个案中我们看到了什么呢？对于一些人来说，这是一件很小的事情，根本没有必要生那么大的气，这里不让进去上厕所，找别的地方不就可以了吗？可是这个男孩子却会认为被拒绝是件无法容忍的事情。他的思想是"不就是上个厕所嘛，怎么就不可以？他一定是看不起我，故意不让我进去"，所以就产生了愤怒的情绪，愤怒的情绪又引发了另一个人的愤怒，所以冲突也就发生了。如果他可以换位思考一下，正确地看待他所遇到的人和事，可能他就不会产生愤怒的情绪了。我们的思想内容很容易让我们产生情绪，而我们却并不知道，反而觉得都是外界的人或事让我们产生了情绪。

4. 人都渴望拥有幸福的优越感

人们都希望自己是最幸福的人。如同阿德勒所说的，人们都有对"优越感"的需要。人们在潜意识的推动下，会不自觉地去与他人比较，一旦觉得不如别人时就会觉得自己是不幸的人，有些人甚至还会为此而痛苦。罗素曾举过一个例子来说明比较所带来的感受："我挣的工资已经足够我花了，我本应感到满足，不过我听说另外有一个人，我知道他一点都不比我高明多少，而挣的工资却是我的两倍。如果我是个妒忌心很重的人，刹那间我对自己拥有的东西满足感便消失了，我开始为一种不公正感所左右。"人们身处同样的情境之中时，很难明白，别人的生活永远只属于别人，而你的生活，也永远只属于你自己。因为在这个世界上没有完全相同的人，哪怕是双胞胎，也会有不一样的地方。所以，"比较"除了可以满足一下个人的虚荣心，或是因为没有得到别人得到的东西而自己烦恼之外，没有任何意义。

有些人觉得相互比较是一种竞争意识的表现。但是，不在同一个起跑线上，哪来的竞争价值呢？很多的父母忽视了这一点，常会与孩子说："你看人家×××多好，你怎么就不能像他那样啊？"应该说很多人在成长过程中都听到过这样的话，所以很多人也都成为了喜欢与他人比较的人，这样的人更容易嫉妒他人而忽视努力发展自己才是最重要的事情。如果可以正确地对待自己，能够把自己和他人分开时，更容易看到别人的长处，并认真向他人学习，在这个学习过程中有可能会超越自己同时也超越那个被学习的人，但这一过程绝不是比较的结果，而是善于向他人学习的自然反应所产生的结果。所以对孩子说他比别人差，还不如培养孩子对自己有信心，只有当他相信自己是个好孩子时，他才会主动去学习他人的长处。没有哪个孩子是被指责自己比别人差而变好的，更多的反而是因为这种比较使孩子反感家长的说教而让孩子变得更差。这说明与人比较并非明智之举，专注于过好自己的生活才是唯一能让自己真正幸福的方法。

5. 人的情绪状态背后是什么

人的情绪状态背后有什么呢？有他人对自己的看法，有自己对他人的看法，有自己对自己现有生活内容的看法……人的认知一直在决定着人的情绪状态，而人的情绪又在决定着人的生活状态。所以，一个人对待生活的态度也影响情绪状态，如果可以乐观地看待生活，积极的情绪就容易成为主导；如果对待生活的态度比较悲观，消极情绪就容易成为主导。从这一点上看，哲学对人情绪调节策略的影响也会比较大，哲学是对生活的观察与思考，也是一种思辨。罗素说："思辨的心灵所感兴趣的一切问题，几乎都是科学所不能回答的问题。"[1] 人思维的复杂性和人情绪产生过程的复杂性都很难完全受人主控，读哲学书的好处，就是可以了解他人对世界的看法以及他人的思考方式、他人如何看待自己和对待生活。这些内容对人来说是一种内心稳定性的培养。不过，也需要说明一点，喜欢读书的人，有可能会从书本上获得一些如何善待自己和他人的知识以及如何让自己过得更好的知识，但是在实施方面，可能会遇到困难。为什么会出现这种现象呢？因为人对生活的态度常常是从人生初期一点点形成的，有些早期经历的记忆已深入到我们的潜意识之中，如果不经过持续的努力，很难被自己纠正过来。正如一个习惯的去除，必须通过对新习惯的培养才能达到目的，而只有以坚持不懈的态度，在不断地自我提醒、自我坚持中才能真实地建立起新的习惯。所以，在学到一种方法后，需要坚持去做才能有效。坚持觉察情绪过程，掌握控制情绪的方法是达到成功彼岸的最佳选择。

如笛卡儿所说："只有我领会得清楚和分明的东西才使我完全相信。"有很多的事情需要人们自己对生活有所观察和感悟，只有个人有所体验，才能让人更深入地了解思想对人的影响。多观察思想对我们情绪的影响，对我们言语及行为的影响，才会体会更深刻，才能更为主动地觉察自己，不让外界的人或事不断操纵自己的情绪，在力所能及的努力中做情绪的主控者。

（二）自我情绪分析方法

1. 结构分析法[2]

结构分析法来自于弗洛伊德的精神分析人格结构理论，具体方法是通过分析"本我""自我""超我"的关系以觉察自己情绪的来源。

---

[1]《罗素道德哲学》，九州出版社2004年版。
[2] 金铉春：《心灵晤谈》，人民军医出版社2011年版。

（1）本我：是人格中最原始、最模糊和最不易把握的部分。是由一切与生俱来的本能冲动所组成的。本我以满足自己原始欲望和"快乐原则"行事。

特性：大部分活动是无意识的，是无理性的，要求无条件地满足需要，只遵循快乐的原则；是一切本能冲动后面的性力的贮藏库；它收容了一切被压抑的内容，并保存有遗传下来的种族的特质。弗洛伊德认为婴儿的人格结构完全属于本我。

（2）自我：是本我与环境互动产生的心理活动系统，是在现实的反复教训之下，以经验的方式工作。它遵循的是"现实原则"。

特性：它是有意识的，合乎逻辑，受现实原则支配；对本我之中的内容有检查权，防止被压抑的内容扰乱意识；它还要在超我的指导下，按外部现实的条件，去管理本我的要求。自我可以说是同时在侍奉着三个主人：超我、本我和现实。

（3）超我：在外界评价与要求下形成的心理活动系统，有指导自我行事的作用。超我要求自我按他人及外界能够接受的方式满足本我要求，它所遵循的是"道德原则"。它也具有一部分保护生命正常活动的作用。

特性：大部分活动是无意识的。它是父母及外界权威的内化，执行早年监护者的职责（亦被认为是遵循至善原则）；可分为自我理想——确定道德行为的标准和良心——对违反道德标准的行为进行惩罚；其主要作用是监督和控制自我。完善的超我态度应是引导自我而并非评判自我。

三者关系：本我、自我、超我之间不是静止的，而是不断相互作用着。自我在超我的监督下，按现实可能的情况，只允许来自本我的冲动有限的表现。在一个健康的人格之中，这三种结构作用必然是均衡、协调的。本我是生存必要的原动力；超我在监督、控制主体按社会道德标准行事；而自我对上按超我的要求去做，对下吸取本我的动力，调整本我的冲动欲望，对外适应现实环境，对内调节心理平衡。弗洛伊德认为，人的一切心理活动都可以在这种人格动力学的关系中得到阐明。当然，如果这三种力量不能保持动态的平衡，则将导致心理失常的产生。

（4）本能[①]

弗洛伊德在60多岁的时候提出了攻击性驱动力的死本能这一观点，攻击性驱动力包括伤害他人或伤害自己的无意识欲望，在生本能和死本能之间常常

---

① 沈德灿：《精神分析心理学》，浙江教育出版社2005年版。

会产生冲突。生本能的欲望和攻击性驱动力常常在个体未觉察或无意识的情况下表达出来。

生本能是表现为推动人生存、发展和繁殖的一种力量，它代表着人类潜在于生命中的一种进取性、建设性和创造性的活力。生之本能包括自我本能和性本能，如饥饿、口渴、性欲等，它与个体生命和种族生存有关。在生之本能中，弗洛伊德最重视、最认真研究的是性本能。

死本能是表现为与生命发展相对立的一种力量，它代表着人类生命中的一种潜在的破坏性、攻击性、自毁性的驱力。当其能量向外投放时，则表现为破坏、攻击、挑衅等；当其能量向内投放时，则表现为自责自罪、自我惩罚、自我毁灭等。

（5）具体分析方法

自我分析时，自我的想法是个体可以意识得到的，而本我的需求，一部分可以意识到，一部分会因为是不被超我（道德意识及他人评价）所接受的欲望就会被自我压抑到潜意识里而无法顺利地察觉到。如果压抑的东西太多，就容易导致情绪的波动，甚至会产生严重的心理问题。如果超我的评价状态允许自我以宽容的态度给予本我适度的满足而又可以被超我所接受，那么人的不良情绪状态就会明显减轻或恢复平静。

通过对心理咨询案例的分析，会觉察到生本能和死本能的互相转化，这种转化是来自于"本我""自我"和"超我"这三者的互动作用。所以，需要以整体的角度来看待三者之间的关联，三者并存在心理活动之中，并不是孤立存在的，为了方便表述，才会将它们分开表述。很多心理过程都是相互影响的，而非独立活动。

本我与超我都存在自我无法直接觉察到的活动内容，而这些活动都属于潜意识，也就是人无法觉察到的心理活动。这里不讨论前意识，因为前意识介于意识与潜意识之间，如果加入前意识，可能会使读者理解心理过程时变得复杂难懂。

关于本我，大部分是无意识的，是无法觉察的。人的很多心理创伤与本我欲望受阻有关，有些人认为："超我是意识的，代表父母的价值观，代表社会要求。"但是，在个案中所体现出来的，往往是超我的活动并非完全是意识下的。例如，自责的产生过程：当你做错了事情或说错了话时，你会感觉到比较难受，但你并不能清楚地意识到自己为何形成这种难受的感觉。自责的形成过程很难被人意识得到，人所意识到的只是自责所带来的情绪后果，所以超我所

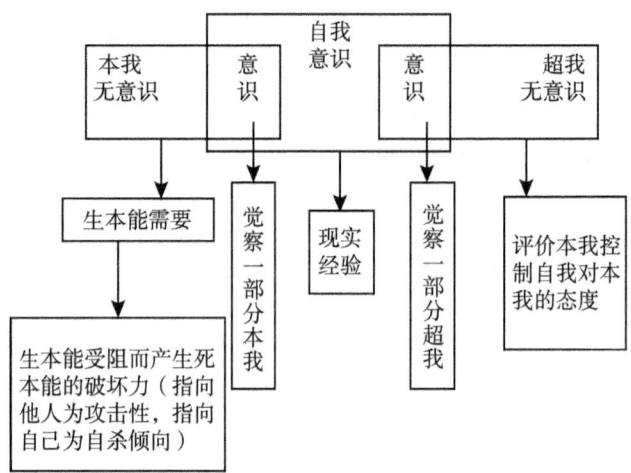

上面是这三组概念（人格结构，意识水平，本能）的关联图

起的作用，大部分都是在无意识中完成的。情绪的波动，很大一部分与超我的评价态度有关。再例如，一个人在别人眼里，他做事的状态已经很好，但他自己却时常会对自己不满意，同时也会因为对自己的不满引发低落情绪，这说明在他的人格形成过程中，存在他的父母对他表现过不满意的现象，而他的自我认同了父母的态度，所以自我总会以他父母的态度（你仍需要做得更好才对！）在内心要求自己，现实的他并不能意识到超我对自我的影响过程。所以超我的一部分内容是通过潜意识对自我产生作用。

那么，如何分析自己的人格结构互动规律，并在自己有情绪的时候加以调节呢？

首先，需要了解内在的三个"我"即本我、自我、超我之间的互动规律。本我的动力就是发展自己、满足自己的需要，超我会以父母（或抚养者）的价值观及个体成长的经验来限制本我的冲动，自我判断要如何对待本我的欲望与冲动。其过程是当本我有了需求后，自我先要看超我的态度，有时会以内部对话的形式与超我商量可不可以满足本我的需要。如遇到事情时会在心里说："我要不要去做这件事？我做了之后的后果对我会怎样？"等，而超我的态度如果是宽容而客观的，自我就相对会以客观的角色做出决定，去适度地满足本我的一部分需要，但会提醒自己在实施此行为时对各方面的条件及反应加以注意。这时，自我相对会平衡本我与超我的两方面力量，所表现出的情绪就会相对稳定。但是，很多时候超我并不是那么客观与宽容。超我的态度大部分来自于父母（或抚养者）对自己的一贯性态度，也有一部分来自于成长经历中遇到的老师对自己的态度，一般朋辈对自己态度的影响力常体现在青春期之后。容易进入人们的潜意识的影响力常是在人生初期，需要依靠他人赖以生存时所留下的记忆，而那时是父母（或抚养者）与自己互动最多的时候，所以父母（或抚养者）的影响会更多地以潜意识的方式影响人的一生。

人在成长中总会遇到对自己有害的事情的发生，比如过于贪玩会导致学习不好，过于贪吃或偏食会导致身体不好，结交生活习惯不好的朋友有时也会受到不好的影响等，所以，父母（或抚养者）非常有必要教育与引导孩子改正那些对他们有害的行为习惯。只是在这个过程里，很多家长缺乏耐心，惩罚多于引导，让孩子无法理解自己受罚的原因而对家长产生不满情绪，导致更多的亲子冲突。还有一些家长一味期待孩子只学习，不娱乐，导致一些人认为自己只要做不到一心放在学习或工作上就会有潜意识的自责。还有一些家长在孩子学习成绩已经很好时，仍觉得孩子做得还不够好，导致成年以后无论自己做得多好，仍然觉得自己还有那么多不如别人的地方等。所以，在这些家庭中长大的孩子，在成年以后他们的超我意识就会以负面关注与评价为主，遇事时就容易情绪波动比较大。因为这时自我会过多地压抑本我的需要，进而产生焦虑。如果超我的成分中存在着厌烦与纵容，同时又缺少正确引导的父母（或抚养者）态度时，自我会忽视社会要求而不断去满足本我的需要，从而放纵自己的言行，甚至犯罪。

所以，自我分析时，需要分析成长背景中父母（或抚养者）曾对自己持有的态度。当自己产生情绪时，需要分析是超我的态度所产生的作用？还是本我存在欲望没有得到满足。自我此刻是倾向于认同谁。

其次，自我要了解如何平衡本我与超我的力量。我们来看一下不同状态下的心理过程。

当一个孩子的本我意识想要玩其他人的玩具时，在潜意识中，自我会等待超我所给的信息：可以还是不可以。驱动力在于本我想满足自己的欲望，而自我会等待超我的态度之后才开始让机体行动。这时出现的行为表现，常是一种超我与本我力量强度的对比，自我会权衡谁的力量较大而遵从于谁。在这一过程中，如果超我说不行（因为家长在孩子需要什么时，大部分时间会说不！同时这种拒绝的态度中没有任何的通融性），而自我以经验来看，超我似乎总是对的，自我就会认同超我，而让本我放弃需要。如果超我说先看一看人家愿不愿意借给你，愿意借就玩一会儿，不愿意借就不要玩了，因为那是人家的东西（家长在孩子需要什么的时候，常会先看一看孩子的需要是不是合理而无害的，只有在合理而无害的情况下才会给予孩子满足），那么自我就会去实施超我的意见，去问那个玩具持有者的意见。在未成年时，超我的力量仍是比较强大的。如果超我说不行，而后就不再关注自我是否会去执行（因为家长在孩子需要什么的时候，虽然会说不行，但是并没有以一贯的态度去对待孩子，而孩子有时做了父母说不可以做的事情，家长有时会管，有时却会视而不见），自我会了解超我的力量并不强大，而本我常常是自我行为的驱动力，所以自我很可能会让这个孩子直接过去拿玩具来玩，而不与玩具的主人商量，甚至有可能会占为己有。在这个过程中，自我让本我与超我达到平衡的是第二种情况。而成人的内在心理活动则与之类似。

当然，在人的思维过程中，心理活动是复杂与细微的，同样的行为背后的思想会有着一些细微差别，但在同一个文化背景下成长的人，心理活动的整体规律是相同的。

那么，生本能和死本能在人的心理活动中是如何体现的呢？生本能是生的驱动力，也是生存与发展的原动力，在个案分析中，把本我的需要统一看做是生本能的发展力量。而死本能是与生本能相反的力量，也就是一种指向死亡的驱动力，在心理咨询案例分析中，把所有指向停止、破坏性的、攻击性的动力统一看做是死本能的力量表现。

人原有的生命能量以不同的形式表现着力量，最初是以生本能的力量为表现形式，当生本能的一种追求形式受阻之后，有可能产生另一种形式的生本能的力量。例如，一个在销售部门发展不好的人，在选择了行政方面的工作后，反而发展得很好。但是，如果找不到另一种生本能的追求形式，就会走向与生本能相反的方向——死本能（破坏力）。如一个人长期找不到适合的工作，就容易对自己失去信心，并且在家人面前会表现得易激惹、暴躁等对人际关系产生破坏力的情绪。生本能的发展动力大部分来自本我的欲望与需求，所以超我过于强大而偏激时，自我会过多地压抑本我，本我的要求经常得不到满足，生本能的力量就会严重受阻，死本能的力量就会相对强大起来。所以从小受到关爱较多，能力发展较好的孩子攻击性就会小；而从小得不到关爱，能力发展不好的孩子，攻击性相对就会比较强。

简单来说，本我代表着人的欲望，超我代表着外在的评价，而自我代表着经验后的控制力。生本能是发展的力量，死本能是放弃、破坏、死亡的力量。

当人的本我欲望是成为一个团队的领导者时，生本能会推动个体去实现这一目标，而自我会以超我的评价去权衡这一目标是否可以实现。如果在成长过程中经常被父母信任并引导其以正确的途径去实现本我的需要时，自我就容易选择去通过学习知识与技能来实现这一目标。人的情绪相对就会平稳，而不需要刻意地调整心态。但是，如果人的超我以父母（或抚养者）一贯性态度对自己加以评价"你做什么都做不好！"，这时，自我根据以往的经验会认同超我的看法，很难顺利满足本我原有的期待，就会因对自己的低评而放弃目标，从而压抑了本我的欲望，使生本能动力减弱。当本我的需要受过度压制（如内部对话不断出现自我否定），自我无法找到释放这些压力的出口，从以往的经验中又无法获得解决的办法（缺乏通过学习而获得成功的经验），死本能力量就会突显出来，产生一些对人际关系及个人发展有害的情绪，如情绪烦躁或情绪低落等。这时人需要分析自我力量不足的来源，先分析一下超我的评价与成长经历有什么样的关系，反思成长中是什么习惯让超我无法信任自己，如果存在无力感时，就需要借助外界的力量，比如找有经验的人聊一聊，咨询一下自己应该怎样做会更好；也可以通过与人聊天来释放本我受阻后来自死本能的力量；也可与人谈一谈自己的目标与理想，以满足本我的一部分需要。以此可以削弱死本能对自我的影响力，加强自我的力量，将行为转向目标的实现上。有时人在自己成长中缺少的能力，可以通过向有经验的人求教而使自己有所进步，所以，提升应对现实问题的能力也是增强自我力量的一种方法。

这里需要说明的是死本能如同生本能一样，是与生俱来的，所以不可能完全消除死本能的存在，只要加强自我对死本能作用的觉察力和对本我、超我的平衡能力，就可以使自己的内心保持相对稳定。从对生本能和死本能的互动觉察的角度来看，哲学、道学和佛学的存在是非常必要的，这些学识对人认识自己的内心世界具有很大的帮助。

2. 自我觉察与分析的三个具体方法①

自我人格成长分析、自我思维模式分析、自我情绪分析。这三种方法是通过具体的问题，让人有分析和觉察自己心理活动的思路。

（1）自我人格成长分析

①自己是否时常会想起成长经历中所遇到的人或事情？

②尽力回忆并记录成长经历中不愿回想的事件，并分析这些事情对自己现

---

① 金铉春：《心灵晤谈》，人民军医出版社 2011 年版。

在的人格特点有着哪些影响？

③父母对自己的人格成长起到了什么样的作用？积极关注多？还是责备、过低评价多？他们爱我吗？我爱他们吗？自己的超我意识中有多少与他们的态度有关？

④记录任意的一种感觉，体验与分析这种感觉产生的过程与成长经历有着怎样的联系？

⑤我的超我常常会以什么样的形式影响着自我？超我对自我的要求哪些是合理的，哪些是不合理的？

⑥我的本我中还有哪些欲望没有得以实现，超我对本我的这些欲望的态度是怎样的？自我如何做才能平衡两者的活动？

在做自我分析时，最好把分析的内容全部写下来，否则过后就有可能不记得或记不清楚了。其实自我分析就是在寻找答案，这种寻找有一定的难度。例如：当回想哪些事情让自己受到了伤害时，需要安静地去面对过去的伤害，这并不是件容易的事情。所以自我分析也时常会伴随着成长经历的痛苦。什么时候可以比较坦然面对一切过往的经历，什么时候痛苦才会消失。在这个过程中，也是在修养心灵，在不断清理心灵上的垃圾，每一次的自我分析与面对，都会让人更为轻松些。同时也会觉察到自己在日常生活中存在的心理投射内容，正是某些创伤痕迹遗留的体现。所以，人们有时会不敢面对一些事物，因为它们代表了我们曾受到过的伤害。

问题⑥"我的本我中还有哪些欲望没有得以实现，超我对本我的这些欲望的态度是怎样的？自我如何来平衡两者的活动，而让两者友好相处？"是在帮助人们练习与提高精神分析与调整能力，减轻心理冲突，从中习得平衡人格结构的方法。

（2）自我思维模式分析

反向记录自己的思维过程：我现在状态是怎样的？是什么样的想法影响着我目前状态的产生？这种想法是如何对我起作用的？是什么事情引发了我的这些想法？我对这件事情认知中是否存在成长经历的影响？影响我的成长经历是什么？我要如何不受这种经历的影响？

记录事情时，需要具体化，记在一个专用的本子上，方便以后可以随时翻看。不需要每天记，最好在自己情绪有波动时做这样的记录。从中会更多地了解自己的思维习惯，也可以在其中找到自己存在的错误认知。

（3）自我情绪分析

①对情绪产生来源进行分析,确定是来源于外部(他人、环境),还是来源于内部(记忆、莫名的感受)。

②如果由外部刺激源所引发,则记录是别人什么样的谈话内容或事件让自己产生了情绪,内心对这些话和事件的看法是怎样的。

③如果这些情绪是在对以前事情的回忆(或者看到发生在别人身上的事情,或者看到电影中的某个镜头)中产生的,需要记录下这些事情和自己的情绪状态,分析自己存在什么样的心结导致了自己情绪的波动。

④分析自己在情绪产生的过程中存在的错误认知有哪些,运用合理情绪疗法改善自己的错误认知,并体验合理情绪疗法的作用过程。

这些自我分析的方法,需要经常练习,只有用心去体会它们的作用,才能对个人心理调节起到一定的作用。

三、情绪理论与情绪的调节方法

对于情绪的调节,我更偏向于通过认知改善情绪,其原因是由于在心理咨询案例中认知的改变会让来访者情绪的改变更稳定。但是,从理论方面看,不只是认知理论对人们改善情绪有效,如果能够更全面地了解情绪的相关理论会更好。美国心理学家伊扎德的情绪激活四系统理论相对较全面。

(一)伊扎德情绪激活四系统理论

伊扎德认为情绪激活包括信息加工,但信息加工并不等同于认知过程。信息加工有四个模型:细胞的、机体的、生物心理的和认知的。这四个模型是信息加工连续体上的四个片段。伊扎德认为这四个模型运行时存在着三个制约因素,包括个体差异、社会因素、刺激特征。同时情绪激活的四个系统还具有等级性,情绪激活四系统的等级性,保证了任何情形下都有一个激活系统在起作用。

1. 神经系统

情绪过程必然包含神经系统的作用,神经系统又可独立于其他系统单独作用。皮层下系统、边缘系统的神经通路可激活情绪。

(1)神经递质水平的改变激起情绪

大量证据显示去甲肾上腺素或5-羟色胺的水平降低,压抑心情会出现。当然这里很难排除认知的作用,但有充足证据显示生理机理(激素、食物、睡眠等)加上先天倾向,能够导致这些神经递质的水平变化。

(2)电刺激和化学刺激引发情绪

直接刺激大脑引发各种情绪的研究已有许多，例如德尔加多发现对病人脑的不同部位进行电刺激，引起了病人的主观体验和情绪（如快乐、生气和愤怒）的行为信号。格洛尔等研究患有颞叶癫痫病症的病人，发现自然发作和脑电刺激都能引起情绪体验。而且通过深度脑电图扫描器的观察，发现只有当自然发作或脑电刺激影响同一部位——边缘前脑时，病人才报告情绪体验。

情绪激活的神经系统是这个等级序列的基底，也是其他情绪激活系统的基础。

2. 感觉运动系统

感觉运动系统是靠输出信息（运动信息）来激活情绪，这个过程还可能包括从肌肉活动、肌梭以及皮肤感受器传回的反馈。感觉运动过程包括以下方面：中枢输出活动、面部表达、姿势、工具性行为、肌肉动作电位。

有研究者认为面部表情可以诱发情绪，认为表情运动能够改变正在发生的情绪体验，能够产生正的或负的情绪体验，能够激发一种与实验者所操纵的表情相匹配的情绪。

杜克洛等研究者认为姿势可以诱发情绪，在研究中，通过让被试者保持一种表现情绪的姿势15秒，结果引起了与之匹配的情绪。由此他们推断，情绪姿势对情绪感受的产生有明显和具体的作用。

感觉运动系统位于第二级，它是情绪体验的基本来源，具有适应意义。

3. 情绪激活的动机系统

动机，包括内驱力和情绪。这里情绪是指激活因子，能激发另一种天生的或通过学习而与之相联系的情绪。

有研究显示味道、气味可以激发情绪，婴儿的反应最为明显，如甜味会引发他们的兴趣，苦味会引起他们的厌恶情绪等。痛觉也会引起情绪，伊扎德等人通过研究评估，婴儿对待疼痛，先会表现出痛苦的表情，然后会表现出愤怒和悲伤。

还有研究者认为情绪可以激发情绪，伊扎德研究幼婴接种（DPT）时疼痛所引起的情绪反应，发现悲哀经常在愤怒之后出现。其他研究者也证实了愤怒之后会出现悲伤。

动机系统因为其强度而居于第三级。如果个体需要一种新情绪以改变动力状态时，动机系统就会替代神经系统，替代感觉运动系统，抢先占据激活通道，引发适应性的行为和情绪。

4. 情绪激活的认知加工

人的认知过程是复杂的，有研究者认为对个体的目标、动机和心情有极其重要关系事件的反映是情绪。而认知与情绪是无法独立存在的。

认知理论为实验研究的目的而假定：评价和归因过程出现在没有情绪或者情绪中性的情形下。与此相反，分化情绪理论则认为情绪是意识的一个固定特征，因而可把情绪看成是选择性知觉和注意集中性的动力基础。

认知系统是等级的最高级。伊扎德模型的一个假设：认知加工是由一直处于意识中的情绪来激活和导引，正在体验的情绪与认知过程的共同作用会激发一种新的情绪以适应环境信息的变化。

（二）合理情绪调节方法

在伊扎德情绪激活四系统理论中，也强调了认知与情绪激活之间的关系是密不可分的。当人们遇到一些不尽如人意的事情时，往往是认知让人们产生了情绪的波动。阿尔伯特·埃利斯认为人们习惯于把自己的糟糕情绪归罪于其他人，却忽视了自己主观意识在情绪产生过程中的作用。人之所以会产生负面情绪，都是来自于人们对所遇到事件的负面评价，而人们的信念影响着人们对外界的评价。所以，人的信念直接影响着人的情绪状态。埃利斯以个人的体会总结出人的情绪产生过程及调整的方法——合理情绪疗法。

"此疗法无论是对个人自我情绪调整还是心理咨询案例，都可以证明对人情绪的改善行之有效。"①

1. 情绪与认知的关系

埃利斯首先指出四种对人有害的情绪，强调了这四种情绪对人的负面影响，并提醒人们需要觉察并改善它们。

（1）如果你过分烦躁（或紧张、沮丧、恼火、担惊受怕等），你就不能有效地处理人或事。

（2）如果你过分生气（或戒备、被激怒、气得发疯、愤愤不平、嘴巴不饶人、脾气一触即发、挫败），你就可能把事情搞砸。

（3）如果你过分抑郁（或无精打采、一蹶不振），你会一事无成，而且有可能把自己弄得郁郁寡欢。

（4）如果你过分内疚（过分承担责任、过分悔恨、过分自责），其他人就能操纵你，你就无法做出正确判断，你就会因错误的因素做出错误的决定。

---

① [美] 阿尔伯特·埃利斯、阿瑟·兰格：《我的情绪为何总被他人左右》，机械工业出版社2015年版。

而这四种坏情绪来源于 ABC 模型：

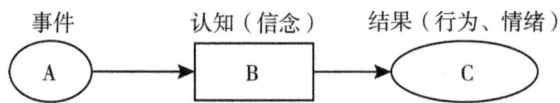

埃利斯用 ABC 模型来说明人情绪产生的过程。A 代表人日常中遇到的具体事情。不仅是生活中所发生的重大事件，也包括那些在家中或工作中所遇到的大小事件；C 代表在 A 这一事件中人的感觉和人的行为；B 代表人对具体发生的事件的思考、判断。在事件发生的过程中，是 B 决定了产生怎样的 C，而不是 A 这件事一定会产生 C 的结果，A 本身不会导致 C，而是 B 导致了 C，A 只是诱因。

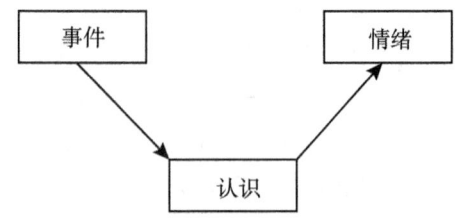

用一个生活中的小事为例：一对夫妻在回家的火车上，看到有人叫卖手链，20 元一个。妻子觉得好看，卖主又说是天然石头做成的，所以妻子想买下来。但是，丈夫不相信卖主说的话，不让妻子买。妻子认为只有 20 元，买了也没有什么关系，所以，不顾丈夫的反对，坚持买了下来。结果丈夫很生气，觉得妻子被骗，回家后与妻子大吵一架，很长时间不愿意理睬妻子。然而在火车上买这个手链的人不只是这位妻子，却不是所有的丈夫都会为此而生气发火。

生气的人是事件中的丈夫，从丈夫的角度来看 ABC 模型：

A（事情的起因）——妻子买了自认为是假货的石头手链；

C（事情的结果）——很生气；

B（对事情的评价）——她应该听我的劝告才是对的！并因妻子没有听自己的劝告而生气。

那么，我们再来看一下那些没有对妻子发火的丈夫们有可能的 ABC 模型：

A（事情的起因）——妻子买了自认为是假货的石头手链；

C（事情的结果）——没有负面情绪产生；

B（对事情的可能评价）——她没听我的劝告也无所谓，对这些小事没有必要在意。

从中可以看到 B 的不同，结果就会不同。虽然是一件很小的事情，但是，我们可以看出，能为这样的小事激烈争吵的夫妻，他们彼此的沟通和接纳度应该存在着很大的问题，如果想要完全避免这种无意义的争吵，则要从夫妻关系的深层评价系统入手解决，就是不断觉察与改善双方 B 的认知习惯。

B 代表人对具体发生的事件的思考、判断，这一评价内容会影响到情绪状态，也就是在人情绪的产生过程中起着决定性的作用。埃利斯总结了三类病态的思维模式，他认为人的情绪和行为反应过激，是这三种病态的思维方式导致的：

第一种是灾难性思维方式。遇到事情总会把事情的发展想象成灾难，"万一……怎么办"并让自己陷入恐惧之中。这样的人遇事会因给自己的压力过大而产生更多的负面情绪。

第二类是绝对论者思维方式。在做事时会对自己要求过于严苛，"我必须……""我非……不可"，一旦达不到自己的期待，就会感受不好，同时也容易产生"他必须……""他只有……才对"，这些思维会使人对自己或他人产生病态的控制欲，并且会因此而产生大量负面情绪，很难与他人建立良好的合作关系。

第三种是合理化思维方式。与绝对论者思维方式不同，合理化是一种不负责任的态度，这会妨碍个人能力的培养。"别烦我！""那又怎样？"这是一种回避，也是在欺骗自己，同时还会责怪别人对自己的不当行为感觉到大惊小怪。

除了以上这三种思维方式，阿伦·贝克也指出了六种歪曲的认知方式：

第一种是主观推断：没有根据作出结论（灾难化）。这与埃利斯的灾难性思维方式有点相似，不过会更强调对事情发展的结论推测的无根据性，也就是提醒人们要更客观地看待事物，而避免一些没有必要的负情绪情困扰。

第二种是选择性概括：了解某一方面，形成结论，忽略了背景和其他信息。过度概括偶然事件，得到极端信念，并扩大到其他事件、情境。"他总是对我发火……"这时，却忽略了他人为什么会发脾气，自己从中起到了什么作用。

第三种是夸大和缩小：夸大或缩小事件的实际意义。"他完全不在乎我的存在……""他只不过每天做点家务……"这只是夸大了对方不在意自己的程度，而缩小了对方对家庭所做出的贡献。

第四种是个性化：没有根据地把外部事件和自己联系起来。"我认为他只要情绪不好，就是在表示着对我的不满……"其实每个人都会有因某些事情而心情不好的时候。

第五种是贴标签和错贴标签：根据缺点和以前犯的错误来描述和定义某人本质。"他做事总出错，根本不值得信任……"

第六种是极端思维：全或无；非黑即白的思维方式。"他不是我的朋友，就是我的敌人。"这种想法的极端性会让自己常处于对他人的敌对或排斥的负面情绪之中。

还有一种以自我为中心的思维方式也是不可取的。"为什么不能多为我着想？"事实上如果一个人总在期待别人只为自己着想，首先他自己会因为感到失望而产生负面情绪，同时，还会因为没有换位思考能力而让自己陷入到习惯性的抱怨情绪之中。

在认知方面的自我治疗方法之中，合理情绪疗法应该是最适合个体进行自我治疗的疗法。

2. 合理情绪治疗对人本性的看法和 ABCDE 模型

（1）人生来就具有理性与非理性的特质，有理性思考的潜能，也有非理性思考的倾向。当人们以理性的思维方式去行动时，他们往往会更为愉快、积极；当人们以非理性的思维方式去行动时，常会出现消极的情绪困扰。

（2）人们的困扰源自于本身的非理性思考，而非外在世界的某件事。人们情绪不好时就会表现出不好的行为；情绪好时则会带来好的行为。

（3）人会凭借思考及想象即可形成观念或信念；理性的思考方式会形成"理性信念"；非理性思考方式会形成"非理性观念"。

（4）人具有改变认知、情绪及行为历程的天赋能力，可以通过学习使自己变得更理性。

（5）人的信念会借助语言来影响人的情绪，人情绪困扰的持续是由于那些非理性内化语言持续的结果。

合理情绪疗法的完整模型 ABCDE：

3. 如何运用合理情绪疗法进行自我情绪调节？分为四个步骤：

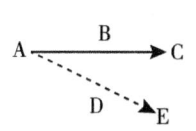

A——诱发性事件
B——由A引起的信念（对A的评价、解释等）
C——情绪的和行为的后果
D——与不合理的信念辩论
E——通过调整达到的新的情绪及行为

第一步：诊断。根据 ABC 理论对自己的情绪状态进行初步分析：先写出情绪困扰和行为不适的具体表现 C，再写出与之相对应的诱发性事件 A，之后再写出对 A 的看法中让自己产生情绪困扰的评价 B。

第二步：领悟。领悟 B 不合理之处和自己在其中应承担的责任：

（1）明确所有持续负面情绪都来源于 B 的不合理之处；

（2）对应下面的表格 3.1 找到 B 为什么是不合理信念的原因；

（3）领悟是 B 导致 C 这一情绪及行为后果，而不是诱发事件 A 本身；

（4）领悟自己对 C 这一情绪及行为后果负有责任；

（5）明确只有改变了自己的不合理信念 B，才能减轻或消除自己情绪引发的各种症状。

3.1　　　　　　　　**区分合理和不合理信念的标准**

序号	合理的信念	不合理的信念
①	大多是基于一些已知的客观事实	包含更多的主观臆测成分
②	能使人保护自己，努力使自己生活愉快	使人产生情绪困扰
③	能使人更快地达到自己的目标	使人为难以达到现实的目标而苦恼
④	会使人不介入他人的麻烦	主动介入他人的麻烦
⑤	能使人阻止或很快消除情绪困扰	长时间无法消除或减轻情绪困扰，造成不适当的反应

埃利斯对合理与不合理信念的描述[1]：

合理信念是指一些想法，这些想法可以帮助你感觉健康、行动有效，能让

---

[1] ［美］阿尔伯特·埃利斯：《理性情绪》，机械工业出版社 2014 年版。

你得到更多你想要的，更少你不想要的。

不合理信念是指一些想法，这些想法可以让你感觉不健康、行动无效率，让你得到更少你想要的，更多你不想要的。

合理情绪疗法中，非常强调理性在人的思想中的作用。埃利斯认为，人可以通过理性的思辨达到更合理地看待事件与他人的态度，需要以科学的角度看问题，他指出科学方法的主要原则：

（1）我们最好接受世界上正在发生的事情并将其视为"现实"，即便当我们并不喜欢它而且想要试着改变它的时候，这也是"现实"。我们一直观察和检验"事实"，看它们是否仍然是"真实的"或是否已经变了。我将对现实的观察和检验称为科学的实证方法。

（2）我们用逻辑和一致的方式陈述科学定律、理论和假设，并且避免重大的、基本的矛盾（以及错误或不现实的"事实"）。当理论不再被事实或逻辑支持的时候，我们可以改变这些理论。

（3）科学是灵活和非刻板的。所有认为任何事情是绝对的、无条件或永远真实，即在任何时候任何条件下都真实的观点，科学都对其持有怀疑态度。在有新信息出现的时候，科学乐意进行修订和改变它的理论。

（4）科学不支持任何在某些方面没有证据的理论或观点（例如，世界上存在看不见的、全能的魔鬼，而且是它们导致了世界上所有的恶行）。这并不意味着超自然现象不存在，但是因为没有方法能证明超人类生物存在或者不存在，所以它们不属于科学的领域。我们对超自然事物的信念是重要的，这些信念是可以被科学研究的，我们经常可以找到对"超自然"事件的自然解释。但是这不可能说明我们证实或者推翻了超自然生物的"现实"。

（5）科学对宇宙中存在"好人有好报"和"罪有应得"表示怀疑，因为这类说法神化了人（或事物）的"善"行或者诅咒他们"恶"行。这种说法没有任何对"善"行和"恶"行的绝对、普遍的标准，而且它还假设如果任何团体看到某些"善"行就往往（但不是必须）会奖励这些人，而且常常（但不总是）惩罚这些做出"恶"行的人。

（6）关于人类的事件和行为，科学也没有任何绝对的标准，但是一旦人确定了一个标准或者目标（比如保持活力和在社会中快乐生活），科学可以研究人们喜欢什么，他们生活的环境以及他们惯常的行为方式；科学在某种程度上可以判断他们是否可以达成这些目标，是否需要改进目标或者通过其他的方式来达成目标。关于情绪健康和幸福，一旦人们确定了他们的目标的标准（这对人们来说，并不容易），科学常常可以帮助他们实现这些目标，但是这并不是承诺！科学可以告诉我们如何做才有可能过得更好。

第三步：修通。这个环节是合理情绪疗法中最重要的部分。主要任务使自己修正或放弃原有的非理性观念，并代之以合理的信念，从而让自己的情绪恢复平静。

（1）与不合理信念辩论：首先让自己了解，辩论的目的是为了使自己的情绪转好，这也是一种善待自己的方式，避免让自己被负面情绪伤害。让自己保持一个客观的角度看待人和事。认同"像你希望别人如何对待你那样去对待别人"这样一种理性观念。

①是什么信念让我感觉不好？
②这个信念是否正确？如果正确，我应该不再被负面情绪影响。
③有什么证据能使我得出这个信念是错误的（正确的）这样的结论？
④我怎样想才会让自己情绪转好？
⑤用新的信念去看待 A。

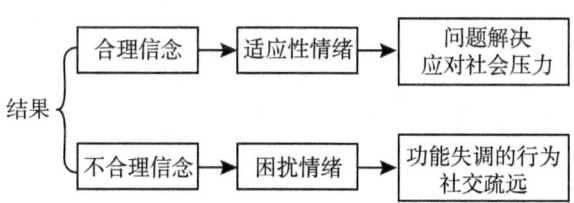

需要记住一点：辩论的目的是让自己的情绪恢复平静，不再陷入到负面情绪困扰的情境之中。

（2）运用合理想象技术：首先，使自己想象进入到产生过不适当的情绪反应或自己感到最受不了的情境之中，保持原有对 A 的信念并去体验强烈的负性情绪反应。然后，做一下深呼吸，再以合理的信念替换原来对 A 的看法，直到自己能体验到适度的情绪反应为止。

第四步：巩固。这个环节的主要任务是巩固前几个环节自我调整所取得的效果，让自己进一步摆脱原有的不合理信念及思维方式，使新的观念得以强化，从而能运用此方法应对生活中遇到的问题，更好地适应现实生活。

下面附上合理情绪疗法自助表（也可以根据情况自己编制）。

合理情绪疗法自助表

C——情绪的和行为的后果（今天我的情绪有波动吗？）

A——诱发性事件（是什么事情引发了我情绪波动？）

B——由 A 引起的信念（对 A 的看法中存在着哪些信念引起了我情绪的波动？）

不合理的信念有哪些？	应替代它的合理信念是什么？

D——与不合理的信念辩论：
   B 不合理之处是什么？如何用相对合理的信念替代它？

E——通过治疗达到的新的情绪及行为的治疗效果：
   D 产生的合理信念替代 B 后产生了什么样的新的情绪或心情？

运用合理情绪疗法可以让自己达到的几个目标：①自我关怀；②自我指导；③宽容；④接受不确定性；⑤变通性；⑥参与；⑦敢于尝试；⑧自我接受。

身为家长的人首先将该疗法运用在自己身上，感觉有效之后，再运用到孩子身上，帮助孩子减轻情绪的困扰。如果家长自身没有体验过情绪改变的过程，就很难帮助孩子改变。

四、自我暗示理论与情绪调节法

（一）自我催眠暗示理论

1. 催眠暗示的概念

首先需要了解什么是催眠？催眠是极度放松、极度专注、接受暗示的状态。那么，暗示又是什么呢？即用间接的方法诱使人按照一定方式行动或接受某种信念与意见的心理过程。

催眠是利用人类思考的两个不同层面：意识和潜意识。人平时在清醒状态下意识占主导地位，催眠原理就是让人的意识专注于某一件事情，这种专注可以激发潜意识的参与，进入一种潜意识和意识都同时开放的状态，这时进行的沟通会被意识和潜意识同时接受。而当个体处于一种极度放松的状态时，将个体的注意力引导到某一件事情上时，这时的沟通对象就是个体的潜意识，也就是可以在意识没有参与的情况下对个体实施催眠的暗示语，让潜意识接受并实施暗示语。

有很多人会误解催眠是一种睡眠状态，其实催眠是在一种觉醒状态下进行的，只是沟通的层面不同。由于暗示的作用不局限于某一种形式，所以催眠的作用与之相同，也就是当一个人认同他人的观念时，就可以说已被催眠了。所以，有人说："人的一生都是催眠的结果。"

2. 催眠的类型

（1）群体催眠：对一个群体实施的催眠。群体催眠一般要求在特定的环境下进行，否则催眠往往达不到预期的效果。

（2）个体催眠：对单一的人实施的催眠。相对较容易，可以根据被催眠者的不同情况使用相应的催眠方法。

（3）自我催眠：自我催眠效果因人而异，有些人的自我催眠效果很好，有些人无法对自己催眠，却可以在他人的帮助下达到催眠状态。

（二）自我情绪催眠暗示法

自我暗示就是人的内部对话对人所产生的影响力。人只要有心理活动存在，就会产生内部对话的内容，自我暗示往往会强化内在思想对自己的作用。

人的自我暗示可归为两大类：积极暗示与消极暗示。

积极暗示，是自我正向肯定。它具有乐观、勤奋的特点。

消极暗示，是自我否定或自我负面肯定。它具有悲观、懒惰的特点。

正如前面所提到的，人的想法会影响人的情绪与行为，而内部对话的内容也正是人思想的一种形式。所以，人也可以通过自我暗示来调节情绪。

当人感觉自己总是没有办法控制好自己情绪时，可以通过自我催眠暗示自己能够学会调节情绪。

首先，需要学会呼吸放松的方法，并在每晚睡前先做放松（深呼吸五次，在每次呼气时在心里说："我很放松"），确定自己放松之后，再对自己进行自我暗示。每天只重复说一句暗示语（这样暗示的力量比较集中，作用也会比较大）。下面的暗示语，可以选择其中的一句作为睡前的暗示语，也可以自己按照现实的需要设计自我催眠暗示语，直到自己认为自己已经达到预期目标为止。

"我会认真学习并掌握调节自己情绪的方法。"

"我原谅自己以往的情绪失控，并原谅他人曾发泄负面情绪给我，因此我允许自己情绪平静下来。"

"我相信我内心的爱在生长，它会让我增加掌控自己情绪的能力。"

"我会因接纳现实所发生的事情而让自己情绪转好，并恢复平静。"

……

其次，学会设计暗示语。设计暗示语要用肯定的句子，而不是否定的句子。例如：要用"我明天醒来会感觉心情很好"，而不要用"我明天醒来不会感觉心情不好"。要用"我能觉察到情绪的产生，并可以很好地掌控情绪"，而不要用"我明天不会发脾气"或"我明天能控制住自己不发脾气"，后面的暗示会起到负面效果。人在接受暗示时，更容易接受肯定的内容。比如，"我不会发脾气"这句暗示语，会让潜意识更关注"发脾气"。

之后，让自己保持每天晚上做放松和自我暗示的习惯。这种习惯，一方面可以让自己的情绪状态得到改善；另一方面，也可以减轻压力感，对身心的健康都起着良好的作用。

积极自我暗示是一种习惯。它不仅限于放松后的暗示，只要思想活动存在，暗示就会存在，只是有时这种暗示会指向他人。对个体来说，自我内部对话就是对自己的一种暗示。所以，在生活中，需要时刻警觉暗示的存在，以及自我暗示带给自己的影响。需要培养自己建立起健康的内部对话，使积极的内部对话成为习惯，以达到每个当下都可以暗示自己更积极地面对生活。

在进行内部对话时，一定要选择积极肯定的句子，所有暗示作用都来自于肯定句，否定句在暗示中不起作用。还有，暗示语不要用不确定时间的将来式，比如"有一天我将会很快乐"，而要采用时间很确定的句子，"现在我感觉很愉快"或"我醒来时感觉很轻松"。

美国心理治疗师露易丝·海，被媒体称之为"最接近圣人的人"，在她的著作中，充满了自我内部对话的自我暗示语，并且从大量的读者反馈中可以看出这些对话对人所起到的积极疗愈作用。在此，我摘录了其中的一些自我内部对话①，读者也可以根据这些对话的特点，设计适合自己的内部对话内容。

"我时刻准备着迎接爱的到来。我愿意体验一切爱。"

"这段感情会在适当的时间发展或者结束。"

"我或许不知道结果会如何，但我知道生活是爱我的。"

"我尊重我的失去。我会只与那些理解我的失去的人分享我的伤痛。"

"我从我过去所犯的错误中获得了疗愈。"

"我会尽我最大的努力，去成为一位我能成为的最好的妈妈。"

"我看好这段恋情。"

"我会一直爱我自己，一直支持我自己。"

"我是我自己的主人。当我感觉被控制的时候，我要用爱释放过去，并且回到现在。我可以做我想做的任何事。选择权一直在我的手中。"

"我与我同在。生活爱我、关心我。"

"我爱生命，生命爱我。我活着，并爱着。"

"我所有的失去都值得被疗愈。伤痛会疗愈我所有的失去。"

此外，伊扎德情绪激活四系统理论中，感觉运动系统理论认为表情运动能够改变正在发生的情绪体验，能够产生正的或负的情绪体验，能够激发一种与实验者所操纵的表情相匹配的情绪。所以，在日常生活中也可以通过调节自己的表情以达到情绪调节的作用。在这里介绍一个在心理咨询个案中常用并且效果不错的方法：每天在洗漱时对镜子微笑，并记住这种微笑的感觉，在一整天中保持它，并在心中暗示自己："我很好，遇到什么事情我都可以保持以微笑去面对。"

第四节　家庭情绪管理方法

一、家庭治疗的相关理论

家庭情绪管理并不是家庭治疗，但是很多家庭治疗中的理念对家庭情绪管理会比较有帮助，其中萨提亚的家庭治疗模式对家庭情绪管理会有一定的帮助。

---

① ［美］露易丝·海、大卫·凯思乐：《心的重建》，北京联合出版公司2017年版。

萨提亚家庭治疗模式又称萨提亚沟通模式，是由美国首位家庭治疗专家维吉尼亚·萨提亚女士所创建的理论体系，萨提亚建立的心理治疗方法着重提高个人的自尊、改善沟通和提升自由度，治疗的最终目标是使个人达到"表里一致"的和谐状态。萨提亚的理念体现了对人性的尊重，以及积极乐观的资源取向。

萨提亚家庭治疗是通过治疗师对家庭的观察与引导而达到治疗效果，而在这里只介绍与家庭情绪管理相关的内容。

（一）两种对立世界观对人的影响

萨提亚提出了两种对立的世界观："威胁与奖赏"模型和"种子"模型。这两种模型是对不同人际互动观念的描述，不同的人际互动模型给人带来的感受不同，这必然会影响人的身心状态。

在"威胁与奖赏"模型中，人际关系被假定为等级关系，在这个等级关系中，某些人规定什么是好的行为，而其他人需要遵守这些规定。对个人的定义建立在一套行为规范的基础上。如果没有遵守行为规范，个体会感到内疚、恐惧或者被拒绝。这种模型只看重规定，而不考虑其他因素对人的作用与影响，人们在这种模型中会处于对改变的恐惧之中，使人们致力于保持现状，使生命无法体验自由感，从而导致许多身心问题的产生。

与之相反，在"种子"模型中，个性化决定其身份。这个模型中，人与人之间的关系是真正充满爱的关系，不存在控制与被控制，每个人都是独特的。这种模型看重的是各种因素对人产生的作用与影响，处于这种模型中，人们会更谦虚谨慎，认为在微观和宏观层面上，改变都是时刻在进行的生命过程。

（二）影响家庭和谐的重要因素

对家庭关系的影响，萨提亚主要关注家庭成员的自我价值感、家庭内部的沟通模式以及家庭的规则这三个方面。

1. 自尊或自我价值感

自我价值感或自尊是一个人赋予自己的价值，是他对自己的爱和尊重，独立于别人对他的看法。低自尊的人非常焦虑，对自己不确定，过度关注别人的看法。对其他人的依赖损害了他的生活。萨提亚认为积极的自我价值感是个体和家庭保持心理健康的基础。具有提高自我价值感的个体尊重生活的所有方面，这使他能够为自己和他人建设性地使用自己的能量。反之亦然：在这个世界上，低自尊一直是最具破坏性的人性因素之一。

2. 沟通方式

萨提亚认为家庭成员之间的沟通方式反映了家庭成员的自我价值感，也就是反映了家庭成员的自尊水平。具有低自尊的家庭成员在家庭沟通中，由于担心自己的弱点被发现或者害怕失去家人的爱，则表现出不愿意清晰地表达自己的感受或不愿意面对亲密关系存在的问题。当他在沟通中用隐藏来保护自己时，他的感受和行为之间就会缺乏一致性，这将导致沟通功能失调，无法达到使关系和谐为目的的沟通效果。

萨提亚归纳了五种沟通的基本互动模式：讨好、指责、超理智、打岔和表里一致，也被称为五种沟通姿态。其中四种是不健康的，萨提亚对不健康的互动模式提出了转化建议。

（1）讨好型：表现为与他人沟通时常表现出自我轻视、迎合他人，无法与他人建立起彼此喜悦的联结。他们的口语内容：我总是做错事！而心里认为：我必须讨好每一个人，这样别人才会喜欢我。内心深处的感受：我真不讨人喜欢。身体感觉难受。

转化建议：

讨好者可以将自己迎合他人的愿望转变为温柔和富有同情心的能力。他可以意识到这种能力，并作出选择，而不只是作出总是迎合每个人的自动反应。

（2）指责型：表现为常指责、批评他人，会努力控制别人，以此来掩饰内心的恐惧和敌视。无法与他人建立起喜悦的联结。他们的口语内容：你从没做过一件对的事！而心里认为：没有人关心我，我不这样大喊大叫，就没人把我当人看。内心深处的感觉：我真不讨人喜欢。身体感觉紧张。

转化建议：

指责者可以将指责反应转变成自信、坚持自己立场的能力。每个人都需要这种能力，但是，这一行为必须建立在现实基础上，而不是某种自动反应。

（3）超理智型：表现为重视原则、冷静、疏离、缺乏灵活性。这种沟通方式来源于内心的自卑，是一种逃避，拒绝与他人亲近的机会。他们的口语内容：做错事自己承担，这是天经地义的事。心里认为：我必须让别人知道我很聪明、头脑清楚、又讲道理。内心深处的感觉：我真不讨人喜欢。身体感觉僵硬。

转化建议：

超理智的姿态可以转变为对理性的创造性使用。运用自己的智慧，表达一些令人愉快的内容，避免只为了保护自己而使用理智的姿态，否则就会让人感到疏远而让自己变得孤单。

（4）打岔型：表现为你指东他说西，常让人感觉谈话被歪曲，谈话目标被破坏，从而被他人排斥。他们的口语内容：唉！真不对劲！咦？我的铜板怎么不见了……心里认为：我一定要做点儿什么才能引起别人的注意。内心深处的感觉：我真不讨人喜欢。身体感觉无力。

转化建议：

打岔型可以转变成顺其自然和幽默的能力。打岔者需要在给定的情境下，学会关注现实的自身体验和他人感受。

（5）一致性型（表里一致）

有一种沟通方式能提高自己和他人的自我价值，那就是"一致性"沟通。一致性意味着成为真实的自己，并与他们建立直接的联系。能够站在一个既考虑自己，又关心他人，同时也充分意识到当前情境的角度上，对外界作出反应。"一致性"的动力"是的，我现在很生气！"这样的你很容易得到别人的信任，不会令人猜疑，容易被人了解，从而发展出良好的人际关系，因为你是通透的，别人可以很真实地感觉到你给他们的是什么。

3. 家庭规则

家庭系统的另一个重要特征是支配个体家庭成员行为的规则。家庭规则包括在给定情境下成员认为应该做或者不应该做的所有行为。适当的家庭规则对于家庭成员的健康成长和培养良好的家庭关系是有益的；若家庭规则过于绝对和僵化，或非人性化，互相矛盾，便会影响家庭成员的个性发展，妨碍家庭关系。

二、家庭成员个体与原生家庭的情绪管理

个体与原生家庭的情绪管理，主要指一个人如何管理好自己与原生家庭成员之间互动时的情绪状态，同时也需要管理自己被原生家庭所影响的情绪习惯。

家庭是培育生命的最初环境，所以家庭带给人的影响常常是深层而不易被自己觉察的影响。荣格说，这是因为那些保留于我们无意识中的创伤并未得到解决，所以它们才会像"命运"一般重现于我们的生命中。弗洛伊德也说，创伤再现，或者说"强迫性重复"是对未处理好的事件的无意识重演。没有完美的家庭，也没有完美的社会环境，人必然会受到一些负面影响而需要自我改善。

此外，人即使结婚离开了原生家庭，也会时常回家看家人，只是已婚后多是与自己的妻子或丈夫一同回家看父母及家人（兄弟姐妹或父母的长辈），这时要如何与家人相处，就会与婚前不同，否则也会影响到新的家庭关系。如果仍然把自己的原生家庭看得比自己新成立的家庭更重要，并与父母更为亲密的话，就容易让自己的妻子或丈夫感觉被独立或被排斥，从而让自己的新家受到不好的影响。所以，与原生家庭的关系也会影响到自己新成立的家庭关系。再者，就是与父母互动的习惯会影响到自己与妻子或丈夫的互动情绪氛围。

要如何处理好自己与原生家庭互动时的情绪状态呢？

首先，需要了解自己原生家庭与自己现有家庭相比，自己现有家庭的关系更为重要，自己现有家庭成员要优先于原生家庭成员。因为现有家庭是个体的责任所在，而原生家庭已与个体分离，所以，需要相互尊重对方已独立的家庭空间，如果介入过多，就会因混乱而产生没有必要的负面情绪，有些人还会一味地听父母的话，从而忽视自己妻子或丈夫的存在，甚至还会导致现有家庭的破裂。

其次，需要把自己的妻子或丈夫放在优先于父母的位置。因为婚后，家庭需要独立，这种独立不一定要与父母分开住，而且分开住也不一定就是独立。只有个体脱离对原生家庭的依赖后，才能更好地对待伴侣，否则就会期待自己的妻子或丈夫能像自己的母亲或父亲一样宠爱自己或照顾自己，这样对对方产生不满情绪的几率就会增加，导致家庭情绪氛围紧张的可能性比较大。这是由于角色错位，要求大于付出而导致关系不平衡。

最后，需要保持现有家庭的经济独立，不依赖原生家庭的给予。一个经济无法独立的家庭必然存在生存的潜在压力，而对自己原生家庭依赖多的一方，也会要求另一方原生家庭给予一样多的付出，这时也会增加双方争吵或不愉快的几率，导致家庭情绪氛围不好。

如何降低原生家庭的不良情绪习惯对自己产生的影响？这种影响只能通过圆融的接纳①与宽容减少。在心理咨询个案中，曾有人问："如果接纳了他们（父母），我不是会更像他们吗？"实际上，接纳与理解父母之后，人会更客观地看待父母曾经的态度和他们自身的情绪习惯，反而可以更冷静地看自己。例如：一个人在童年时期曾被母亲暴打，当时非常恨自己的母亲，而当他走入了

---

① 圆融的接纳是指全面地理解后的接纳，而不单纯地接受对方的态度。区别是前者接纳人这一个体，后者只是接受而没有理解。

社会，成家之后，他会发现自己的情绪习惯会与母亲相似，这种来自母亲的影响会令自己与爱人或同事难以相处好。这时，如果他学习过心态调整，他就会努力去觉察自己元情绪的来源，分析自己是如何被母亲影响的，而母亲自身的情绪习惯又是如何受她自身成长经历的影响（前面章节中已介绍，在这里就不再赘述），从而他会理解这一切之中也存在着自己的责任（不懂事、淘气等）和当时机遇（母亲正因为一些事情而心烦）所造成的无奈。一旦看清事实，就可以回忆起母亲情绪好时对自己的良好态度。这一过程可以使他觉察情绪状态带给他人的不良影响，会更为谨慎地对待他人，让理性主导自己能更好地管理好自己的情绪。

如果不接纳父母反而会被更深地影响，因为这种排斥会让注意力固着在父母的负面情绪习惯或与父母互动中不好的场景之中，这就会让自己在这种潜意识的关注中习得了更多负面的内容，也就会潜意识地习得父母负面的情绪习惯。所以，一个与父母相互接纳的人，会更容易保持自己心态的平和。

三、家庭成员个体与配偶的情绪管理

对一个独立的家庭来讲，夫妻关系是一个家庭的核心，夫妻关系的状态也会影响到家庭教育与子女互动的状态，所以，夫妻的情绪状态会影响到整个家庭情绪氛围。

管理好夫妻互动时的情绪状态就可以建立起良好的夫妻关系，关系好，相处的氛围就会好。很多时候关系在决定着情绪状态，而情绪状态也在影响着双方的关系。如果夫妻双方的感情基础好，双方就会更多地为对方着想，进而容易保持好的关系。当然，正如前面章节中所提到的，人的个人生活修养与文化传统习惯也会影响到彼此相处的行为习惯。通常来说一个爱自己妻子的丈夫必然愿意为家庭付出，能够宽容地对待妻子和孩子；而一个爱自己丈夫的妻子也同样会愿意为家庭付出，并尽力给予丈夫和孩子相应的爱。这也就是因相爱而结合的夫妻更容易保持和谐的家庭氛围。

（一）在日常相处中，夫妻双方保持良好夫妻关系的要点

第一，给予对方自主感。也就是需要相互尊重对方的自主权，不要过多地介入对方的生活应对（如：如何与父母或同事相处等）。

第二，换位理解对方的感受。在沟通时，遇到不同意见，需要习惯于换位思考，不仅要及时表达自己的感受，还需要了解自己带给对方的感受是什么。

第三，多关怀对方。人与人的互动态度都是相互的，如果一方可以主动关

怀对方，那么，对方也会回报以关怀，这样会让关系更亲密。但是，需要强调的是双方在关怀的同时，也需要表达自己对关怀的需要，同时，也需要理解每个人关怀他人的方式是不同的。在这一过程中，只要双方在尽力去做就好。

第四，注意家庭职责的分配。职责的分配需要根据夫妻双方自身特点而定。比如一方负责指导学习，一方负责陪孩子游戏玩耍等。一方在教育孩子时另一方不当孩子面持反对意见，保持教育的一致性。这样，就不会因教育理念的不同而发生争执导致家庭情绪氛围不好。关于家庭家务之类的琐事，需要以擅长和空闲时间为分工基础，主要是可以让双方都感觉合理。如果事先说明，之后就不容易为谁干多干少而产生矛盾分歧。

第五，积极关注对方的优点与成绩。积极关注和认可会让人更乐于付出。

第六，对家庭具有奉献意识。这种意识会让人乐在其中，生活的心态会更为乐观向上，同时更容易在家庭中建立个人威信。

第七，共同参与娱乐活动。共同的娱乐活动可以促进双方的相互了解与理解，并有利于培养共同的爱好，增加沟通兴趣和话题，从而增加双方的情感链接。

第八，注意调节和保持性生活的愉快度。夫妻之间需要保持良好的性生活状态，避免因生理需要得不到满足而产生排斥感。

第九，共同面对生活压力。最好保持一周至少一次的谈话，这样压力感可以得到及时的宣泄。每次只倾听一方的倾诉，如果另一方也需要倾诉就要隔天再以另一方为主进行谈话。不在同一天相互倾诉，可以避免因相互要求对方更理解自己而产生没有必要的情绪发泄。

关注以上的九条，可以更好地保持夫妻双方的良好关系。

（二）夫妻之间常见的不合理信念

1."他应该什么都顺着我，如果不顺着我就说明不爱我。"

有一些女孩恋爱时被男孩疯狂追求，男孩对女孩也是百依百顺，但是，在结婚之后却不再会以婚前的态度相处，这时如果被追求方还持有这个观念的话，她的苦恼就会比较多。因为婚后更需要的是平等相处，这样关系才能长久。

2."他必须认同我，我才会感觉好。"

其实认同与否与爱不爱没有关系，因为每个人都有自己的思想和习惯。双方相爱因为双方情感是相悦的，而这种相悦之后需要更多的是独立的共处，如果总希望被认同，也只会因失望而产生不良情绪。

3. "意见一致才是对的。"

实际上双方意见不可能每次都是一致的,而是可以说:"这次我按你的意思去做好了"。有的时候我们需要不断地尝试才能知道什么是更好的,因此要求意见完全一致是一个不合理的信念。

4. "即使我错了,也不能先道歉。"

在家庭情绪管理课上,有一个学员提问:"我觉得要是先向他道歉就特别亏待自己。为什么他就不能先向我道歉呢?"我的回答是:"谁聪明谁就会先道歉。"因为先道歉的人选择了让自己不再受这件事情的影响,所以他是聪明的。而且,道歉了之后,气氛也会变好,双方都会让这件事情过去而不会一直受负面情绪影响。对于一些生活中的小事根本不必计较谁对谁错。

5. "我不说,他也应该知道我想要什么。"

很多女人容易有这样的想法。其实,你不说出来他真的不会知道你想要什么。就像他不与你说他的想法,你也不会知道他会想要什么一样。相对而言,男人比较粗心,但是,他们会比较乐意去满足爱人提出的需求。所以,有想要的东西,最好直接对爱人说会更好。

6. "他表现不高兴,说明是对我不满意。"

人不高兴的原因很多,不仅限于家庭。所以,遇到对方不高兴时,需要通过沟通了解,而不是主观臆测一定是对自己产生不满情绪。否则将会导致因误解而产生的矛盾冲突。

7. "他对我父母应该像对他自己父母一样好。"

你对你爱人的父母能像你对你自己的父母那么好吗?父母毕竟是生养自己的人,这种情感是长年培养起来的,所以,总会有所不同。如果你的父母对待他(她)比他(她)自己的父母对待他(她)还要好的话,你不要求他(她),他(她)也有可能会对你的父母更好。

……

(三) 容易引发夫妻互动冲突的心理原因

第一,权力之争。有些人认为谁是对的就表明谁更有权利,所以,即使对方是对的也要与对方争论,让对方更认同自己才会感觉安全。

第二,安全需要。被允许依靠才是安全的,所以要求对方照顾自己,对方做不到,就会引发不良情绪。这种情绪是因为依赖而产生的,往往来自原生家庭的相处模式。

第三,占有意识。有些人认为在家庭成员中,妻子或丈夫与自己最亲密,所以对方应该更重视自己，而不是家庭其他成员。如果持有这种思想，当有孩子或某方的父母来家时就会让夫妻中另一方感受自己被冷落，引起没必要的不满情绪。比如，妻子或丈夫与孩子互动更多而且很愉快时，另一方会感觉自己被忽略而产生不愉快情绪。如果与老人一起生活时，尤其是婆媳之间一旦产生矛盾，很多妻子会问丈夫："你是不是站在我这边啊？"等。

第四，自卑情结。夫妻双方中如果有一方自卑情结过重，也会导致对对方态度过于敏感，只要被对方纠正错误，就认为对方看不起自己。这是由于自我不信任所导致的排斥他人，一旦建立起自我信任，这种排斥就会消失。

如果能够细致地去观察自己和他人，就会发现，生活的快乐与不快乐，跟他人没有太多的关系，几乎都来自于人们自己的内心投射。所以，当人学会遇到事情后不断找寻自己的原因时，反而会让一切更容易转好。当一个人对他人态度转好了，他人对自己的态度也会转好。从这个角度来看，先让自己愉快的人才能带给他人愉快感。夫妻也是一样，谁先主动善待他人，谁就更容易创造愉快的生活氛围，谁就会拥有更多的幸福感。

四、家庭成员个体与下一代的情绪管理

个体与下一代的情绪管理所涉及的大部分是家庭教育的互动管理。一般是父母与子女的互动关系。与夫妻的相处不同的是，父母的情绪状态影响了对子女的态度，这种态度又在决定着亲子关系，而亲子关系反过来也会影响双方的情绪。这一过程比想象的要长。从出生开始，父母的态度就在影响着孩子的心理成长，然而孩子的情绪往往在弱小时受到压抑，而在青春期时会爆发出来。这也是孩子青春期逆反的由来。所以，在一些家庭之中，孩子的青春期是令父母烦恼的，而在另一些家庭之中，孩子的青春期只是提示父母，孩子已经准备好走向独立和成熟。

（一）家长自身修养所起的作用

孔子说："声色之于以化民，末也。"就是说如果以声（大声）、色（不好的脸色）去教化他人（人民），是最差的。用这句话来描述一些家长在家庭教育中的状态是非常合适的，他们在教育的过程中常常怒视着孩子，对着孩子大声吼叫，这是最差的教育方式。

实际上真正的教育来自于家长自身的自我修养，"身教高于言教"，古人说："欲齐其家者，先修其身"也正是这个道理。一个人情绪的稳定和对他人的友好态度，大部分都是来自于他的内心修养。有修养的人，会懂得如何去尊重他人，尊重则是良好关系的核心态度。

所以，只有没有修养的家长才会对孩子施加暴力，在批评孩子时毫无顾忌地打孩子，甚至把孩子打残、打死。这都体现了家长本身的人格问题，更是因为身为父母的他们没有学会尊重他人，完全不了解人应该适度地调节自己的不良情绪。孩子也是一个需要被尊重的生命，连这个都不懂的人原本是没有资格管孩子的。

（二）家长与孩子互动时容易产生的不合理信念

1. "他应该都听我的，我是为他好。"

这是非常常见的不合理信念。正如家长自己在未成年时并不会全听父母的安排或忠告一样。孩子是独立的个体，他们有自己的思想，而每一代人看世界的方式都有不同之处，虽然家长比他们更有生活经验，但是，他们有他们自己的具有时代性的生活方式，所以不可能完全听家长的。

2. "他不应该与我认为不好的人交往。"

在心理咨询中遇到过这样的案例：一个女孩子，是初中生。她说，从小她妈妈就说："你记住，对你最好的只有家人，只有家人才是可信的。外人都是不可信的。"所以，她和同学在一起时，只要她妈妈认为哪个孩子不好，就马上不让她与那个孩子玩。以至于她交朋友都要经过她妈妈的同意。直到这个孩子走入青春期，才开始反抗她妈妈，有意与那些妈妈不认同的同学一起玩。只要她妈妈管她，她就会控制不住地骂她妈妈，而这种态度正是她妈妈曾对待她犯错时的样子。家长也因此让她来找心理咨询师做一下调整。她说："我现在都不知道什么人可信什么人不可信了，我没有朋友，感觉很孤独。"这说明家长过多干预孩子交友会带来意想不到的负面影响。

那要如何与孩子正确沟通这件事情呢？首先要认可孩子与同学之间的友谊。不要随意评论孩子的同学，如"这个人怎么这样""我看人品不太好"等，但是，可以表达自己对这位同学的感觉，把真实的感受表达给孩子就够了，孩子自己会有自己的判断。可以说"我感觉你们两个很不同，你们在一起让我感觉不太舒服。但是他是你的朋友，所以也欢迎他来家里玩"。实际上，有些孩子如果不是出于对某种艺术的模仿与追求，而用把自己打扮得有些怪异来凸显自己的与众不同时，往往体现着他们内心的极度自卑。如果家长以尊重孩子的态度说出自己的感受和看法，孩子常常会乐于接受。但是，如果家长对孩子交朋友总是介入很多，孩子就容易产生反感，不愿意听取家长的建议。所以，先尊重孩子，才有可能影响孩子。

3. "他不应该行动这么慢。"

很多家长期待孩子成为自己想要的样子。在心理咨询案例中常遇到一些家长说："我家孩子真让人受不了，怎么那么慢啊！不断催他，他还是那么慢。"我说："你和你爱人中应该有一个人性格比较急躁。"这时，一般家长都会比较认同。因为家长在不断地催促孩子时，语气一般都不太好，孩子就会感受到被逼迫而不愉快，但是又不能正面反抗，只好用更慢来反抗家长的不好的态度。久而久之也就养成了行动慢的习惯（有些孩子与生理机制有关，但更多的还是教育的影响力）。实际上家长需要接受孩子的"慢"，这样反而更容易帮助他们"快"起来。因为孩子对一些生活技能还不熟练或者容易注意力不集中的现象，都是可以通过有针对性的培养而得到改善的。有些家长会说："那遇到这种情况也不能不管啊"，我说："是这样，你需要让孩子懂得去承担自己行为所带来的后果与责任。而不是只是一味地责备孩子。"怎么承担责任呢？孩子行动太慢有可能会迟到，那么就让他自己去承受这个结果（有可能被老师批评）。让孩子明白，他的行为的结果只和他自己的行为、自己的感受有关，而不是和家长有关。在这里需要强调的是，家长需要懂得接受孩子的成长速度，更不要拿自己的孩子与别的孩子去比较，每个孩子的生理机制和成长经历都会不同，所以根本没有可比性。

4. "他不应该惹是生非。""他不应该对我这个态度。""他的表现让我感觉很没面子。"……

从中我们可以看到说这些话的角度都是出于家长的感受，而忽视了孩子为何会出现这些问题，家长只是在一味地表达对孩子的不满而已。很多家长忘记了一个人的成长过程中会不可避免地出现这样和那样的问题，而这些问题大部分都是家庭教育不良导致的。孩子愿意惹是生非吗？所有的惹是生非背后都是不知如何处理问题的困惑，这样的孩子常常在表现出他们需要帮助，他们并不了解如何应对自己所面临的问题，所以才会因行为过激而惹来麻烦。

……

(三) 容易引发家长与孩子冲突的心理原因

第一，居高意识。"只有我才是对的，你什么都不懂。"很多家长觉得孩子不懂事，没资格与自己顶嘴，根本就不会给孩子表达自己的机会。这会让孩子感觉到自己被压制而对家长的管教产生反感。

第二，控制意识。"必须听我的，不听我的是件让人无法容忍的事情。"曾有一位父亲在孩子小的时候常打孩子，以为孩子怕他才会听话。但是，孩子上初中后,开始反抗,并与这位父亲对打起来。孩子妈妈看问题严重了就把他们都带来做咨询。咨询中我们发现,这个父亲的思想很极端的,认为孩子什么都得听他的,否则他就受不了。这种控制意识让亲子关系更为疏远,更不利于良好家庭情绪氛围的建立。虽然,这个案例比较极端,但是也体现了一些家长的心理状态,希望孩子一切都能按自己的要求去做,而这种强烈的控制欲在孩子步入青春期后往往会引发亲子冲突,不仅让家庭氛围不好,更重要的是会让亲子关系变得疏远。

第三,自卑情结。"孩子不能顶撞我,否则就是看不起我。"有一些家长自己状态不好的时候,他对孩子的眼神、孩子的语调都会很敏感。其实他这种敏感不仅是对孩子,他对周围人也是这样。一旦他敏感之后,与孩子的互动就会以势压人,有时还会"无理取闹",让孩子无法接受。曾有一个孩子说他爸爸只要自己心情不好,就会因为一点点小事说他几个小时,导致上初中后一听爸爸说话就反感。所以,萨提亚非常关注人的自尊水平,因为一个自卑的人是很难带给他人愉快感的。

(四)家长与孩子互动需要关注的内容

第一,了解孩子的气质类型,以尊重孩子成长速度的角度与孩子互动。尊重是良好关系的核心,有了好的关系,更容易保持良好的情绪。

第二,与孩子互动时多关注孩子的感受。当家长关怀孩子时,就容易从孩子的角度看问题,对孩子的指导也会更有针对性,这样孩子更容易接受,并且彼此双方也容易保持良好的情绪状态。

第三,时刻提醒自己保持冷静。无论孩子发生了什么样的事情,家长都需要保持冷静,否则就容易因情绪失控而导致后悔的事情发生。

第四,要保持引导者的角色定位。家长只是引导者,而不是为孩子承担责任的人。家长需要提醒孩子对自己的言行负责。

第五,对孩子要真诚,不说假话。这是与孩子建立信任关系的重要因素,孩子感受到父母的真诚,会不好意思与父母说谎。坦诚的交流会减少没有必要的情绪波动与困扰。

第六,尽可能全面了解孩子的优缺点,多与孩子的老师沟通。再忙也要保持一个月至少与孩子的班主任沟通一次。这样可以更客观地评估孩子的现状,对孩子的引导更具说服力,避免没有必要的反抗情绪。

第七,积极关注孩子,尽可能抽时间参加孩子的娱乐活动。共同的娱乐活动不仅可以对孩子有更深入的了解,同时也可以增加亲子关系的亲密度,更有利于与孩子建立起良好的情绪互动习惯。

第八,定期与孩子交流,至少一个月两次。多倾听孩子内心的想法,即使孩子存在不合理的想法,也不要责备,而是给出自己的客观建议,引导孩子自己反思自己所做的事情的利弊。这样可以避免没有必要的争论,双方情绪在互动中更容易保持稳定。

第九,分享父母自己的情绪体验及调节策略。一方面可以促进孩子对父母的了解,另一方面也可让孩子习惯与父母分享自己的情绪体验,遇事会主动寻求父母的帮助。

(五)孩子对父母容易产生的不合理信念

孩子有时会误解父母,但又缺乏勇气直说出自己的感受,所以身为父母需要了解孩子在成长中容易出现的与父母有关的不合理信念。

1. "我表现得不好,妈妈(爸爸)就会讨厌我。"

有很多孩子会有这样的担忧,他们不希望父母知道他们表现不好的时候的样子,更不愿意分享自己受挫折时的内心感受。所以,发现孩子情绪低落时,需要让孩子了解表现不好或犯错都是正常的,重要的是从中学到了什么样的经验。

2. "他们只想控制我。"

有些家长与孩子沟通时总要强调自己才是对的,这让孩子没有价值感,同时也会感觉自己不自由。所以,在小事情上需要让孩子自己去处理,在这一过程中即使犯错误,孩子也会从所犯的错误中学到经验,并且学会自己对自己的事情负责。

3. "他们只关心成绩,并不关心我的死活。"

当家长强烈关注孩子的成绩时,很多孩子会有这种想法:他们觉得家长只看成绩而并不在意他们的感受。这说明家长平日对孩子的关怀不够,导致孩子产生不满情绪。

4. "他们在乎的是他们的面子。"

有些家长常常更看重别人的评论,有时还会因他人的评论而惩罚孩子。如孩子在学校打架或成绩很差,家长有可能被老师或他人说不会教育孩子等,这时一些家长会对孩子说"你太给我丢脸了"之类的话,甚至还会因此而打孩子。他们的关注点是孩子给自己带来不好的感受,但是,他们却常常会因此而忘记去解决孩子真正存在的问题。如:如何让孩子懂得与他人友好相处的重要性,如何提高成绩等。

5. "他们根本不拿我当回事。"

一些家人与孩子互动时，情绪常常失控，导致孩子不再信任父母对自己的爱。

6. "他们并不爱我，希望我没有出生。"

当孩子被低评，或听到父母说"你死了才好"之类的话后，容易产生离家出走或自残等伤害自己的行为。

7. "他们只会为一些无聊的事情吵得人心烦。"

很多孩子会被父母的争吵影响到情绪。有些孩子还会表现出过分担心父母是否会离婚等。所以，父母需要了解夫妻之间的争吵往往会伤害整个家庭的成员。如果不可避免争吵，也最好不要让孩子在场，尤其不要拉孩子当争吵的支持者和评判者，这对孩子的心理成长会有破坏作用。一方面会降低孩子对家长的信任，另一方面孩子有可能会因此而排斥其中的某位家长，有时也会影响到孩子对婚姻的看法和影响建立幸福婚姻生活的信心。

8. "他们从来都不关心我在想什么。"

当家长与孩子交流很少，或对孩子所说的话没有耐心去倾听时，孩子也会产生不满情绪，这是很多家长容易遇到的问题。他们没有真正地去关心孩子到底是怎么想的。其实很多时候，只有知道了孩子的想法，才更容易理解孩子，孩子在感觉被理解后更愿意接受家长的建议，更容易改善孩子的问题。

……

（六）容易引发亲子沟通冲突的心理原因

第一，自主意识："管我就是束缚我。"这种情况是因为家长与孩子沟通时没能以孩子个人成长的角度出发，而是从家长的角度对孩子限制或责备过多导致的。

第二，成长意识："我已经可以自己处理好自己的事情。"很多初中的孩子容易出现这种想法，主要是因为父母与孩子平等交流不够，让孩子感觉父母不信任自己。

第三，依赖意识："必须得到父母的认可，否则我将不再安全。"这种想法出自于孩子对家长的过分依赖，自我价值感缺失。这种情况是由于父母平日对孩子的态度不稳定，让孩子感觉焦虑不安，总想通过父母的认可来确认自己父母是否爱自己。当得不到父母认可时，就会用发脾气的方式引起父母的关注。

第四，自卑情结："做错事情，就会被人看不起，所以不能轻易认错。"

这种情况往往是从家长身上习得的。很多家长调整自身的态度后，孩子也会很快转变。

（七）父母与孩子沟通时需要关注的内容

美国心理学家佐治·米拉经过研究发现，沟通的效果来自文字的不过占7%，来自声调占38%，而来自身体语言（包括表情、姿态等）占55%。这表明在沟通中，人的态度和肢体语言的作用要大于所表达内容的作用。

人与人互动的态度多来自互动者之间关系的状态，或是个人场域能量的作用。所以，良好的沟通来自良好的关系基础，而良好的关系又来自于良好的互动心态。家长在与孩子沟通时，如果能够保持好的心态就容易达成沟通的目标，如果心态不好，就容易引发孩子的逆反心理，难以达成沟通的预期目标。

首先，家长需要觉察自己与孩子沟通时，是以下面这四组中哪一个角度作为沟通的出发点？

拒绝——接受

指责——理解

控制——引导

厌烦——喜欢

如果家长都是以左边的词作为对孩子的态度，那么，沟通的效果就会不好；如果以右边的词作为对孩子的态度，沟通往往都可以达到良好的效果。因为通常情况下，当人以积极的态度对待他人时，他人也会以同样的态度对待自己。当人以不好的态度与人互动时，对方有可能选择以不好的态度回应，或者有可能选择逃开。孩子也同样会如此。

有些家长会说，他们无法接受孩子犯的错误，而且有些孩子还会同一个错误一犯再犯。但是，他们没有发现，他们的关注点实际上出现了问题。他们只关注了孩子犯的错，而没有更多地关注什么样的方法才能够让孩子不再犯错。这就是为什么情绪稳定的家长往往更容易做好对孩子的教育。因为冷静可以让人在遇到问题时更客观，更容易关注问题的解决，而不是一味地去追究责任不断责备犯错的人。纠正是必要的，但是一味的责备只会让关系不好，同时也不利于问题的解决。

在亲子关系咨询的案例中，我常会对家长说以下的话：

"如果你不希望孩子犯错，那么你一定会很痛苦，犯错是成长必经之路。"

"如果你常指责孩子，你一定会看到孩子情绪中的反抗态度。"

"如果你希望自己能让孩子完全听你的，你一定会体验失控带来的愤怒。"

"如果你用厌烦态度对待孩子，你一定会失去孩子对你的尊敬。"

家庭教育应该以爱为出发点，一切管教都只是为了让孩子更健康地成长，并且能学会适应社会规则的要求，相对自由地生活。这个爱的出发点常会给家长带来意想不到的智慧。因为一旦一切都只为孩子好时，家长就不会溺爱孩子，因为懂得孩子未来需要独立面对生活，所以，他们需要学会独立处理好自己的事情；而且家长也会懂得培养孩子的合作能力，这是在孩子未来生存中必须具备的能力。有些家长自身会存在原生家庭所带来的问题，不知如何教导孩子，这时，他们可以让孩子从其他人那里学习好的应对能力。如咨询一些有良好经验的老师，并创造机会让孩子学习一些家长无法教会孩子的生存必备技能。而且，家长如果爱孩子就会关怀孩子，体谅孩子的感受，也就懂得如何与孩子建立起良好的关系。这就是为什么有一些家长虽然没有上过学，但是却把孩子教育得很好的原因。

家长与孩子沟通时需要注意以下几点：

第一，沟通时需要尊重和平等意识。双方眼睛的位置需要基本平行，这样孩子就不会有压力感，更愿意说出自己的内心想法。

第二，用孩子能听得懂的语言表达方式。有些家长习惯用专业术语与孩子交流，这样就会不自觉地像对同事说话一样，这种情况下孩子也不好追问这些术语的意思，所以，与孩子谈话时一定要考虑到孩子的接受程度。

第三，一次只针对一件事情。每次最好只针对一件事情谈，这样孩子的注意力更集中，谈话的效果也会比较好。

第四，沟通方式不要太随便。有些家长在教育孩子时，不会正式与孩子谈话，而是随口说说就过了，这样孩子就会觉得"这好像不太重要"而导致沟通不产生效果。

第五，沟通时需要看着孩子的眼睛，让孩子知道家长重视的是孩子的得失，而非家长自己的得失。有一些家长常会对孩子说："你能不能给我老实点""你能不能给我坐好""你能不能给我考个好分数"……那么这些话会带给孩子什么感觉？在心理咨询案例中，当我问到孩子人为什么要学习时，有些孩子会说："我是给我爸我妈学的。"说这话的原因是这些孩子的家长没有让孩子意识到，他们所面对的是他们自己的生活，他们没有做好的事情将来会给他们自己增加生存的难度，而他们习得的技能会让他们更自如地应对生活。也就是家长们需要让孩子了解，一切都是孩子自己的事情，家长只是出于爱而为他们提供学习条件的人。

第六，关注沟通的内容是否能被接受，而不介入孩子的情绪状态。有时在沟通的过程中，由于指出了孩子存在的问题，一些孩子会表现出情绪低落（认为自己的错误不能被原谅）或情绪激动（认为不是自己的错），这时一些家长会被孩子情绪状态所影响而产生不良情绪。例如一些家长就会说："你这是什么态度！"之后就有可能发火而让沟通的气氛不好，让沟通没办法顺利进行。

在这里需要说明的是，家长需要尊重孩子个人的喜好与成长速度，同时也需要让孩子尊重父母的生活方式，懂得不介入父母之间的事情（如一方有外遇）。有些家长会利用孩子去让有外遇的一方回家，让孩子去劝父亲或母亲放弃外遇。这种做法往往是徒劳的，不仅起不到作用，反而会让孩子更矛盾痛苦，而外遇一方会更不愿回家。所以，最好的方式是让孩子懂得这些都是父母之间的事情，与他们没有关系，否则，有可能导致孩子因心理压力过重而出现心理问题。

（八）如何应对孩子的情绪

情绪的产生与波动都是正常的事情，只是负面情绪过多时，不仅会给他人带来困扰，最重要的还会给自己的机体带来伤害。一些成年人都很难控制好自己的情绪，那么孩子在机体还未成熟时自控力会更差。所以，在成长中孩子因一些事情而产生负面情绪也是正常的现象。父母需要把孩子产生负面情绪看成可以帮助孩子学会懂得调节自己情绪的机会，去帮助孩子学会表达自己情绪的来源，以孩子的角度理解孩子情绪的产生过程，并通过沟通让孩子意识到情绪带给自己的负面影响，帮助孩子学会去解决问题，而不是一味地发脾气。

当孩子出现负面情绪时，家长首先保持自己不要被孩子的情绪影响，这时最忌讳的是只劝不听，如果只是一味地劝说，只会让孩子感觉更委屈或不被理解。对于孩子情绪习惯的形成，在前面的章节中已详细介绍，其中家长的示范也起着重要的作用，也就是家长自身的情绪习惯会直接影响孩子情绪习惯的形成，所以，如果想从根本上改善孩子的状况，最重要的是从家长自身做起，让孩子感受到家长的变化，孩子会更愿意接受家长的建议而改变自己的情绪应对习惯。在实际应对中，可以参考以下建议：

第一，先稳定自己的情绪。家长遇到孩子发脾气或情绪低落时，需要先稳定自己的情绪，保持自己冷静客观，不卷入孩子的情绪氛围。

第二，在孩子负面情绪已失控时，给孩子发泄的空间。当孩子情绪已失控，完全听不到别人在说什么时，这时家长需要安静地看着孩子，倾听他在发泄时所说的话。只让孩子感受一种安全的陪伴，孩子也会渐渐安静下来。这时如果一味劝说，只会让孩子加重对抗而让情绪更激烈。

第三，保持关爱的态度，安静地看着孩子的眼睛，尽量用目光与孩子说话，也就是通过目光传达自己对孩子的理解与关怀。

第四，接受指责或对引发孩子情绪的原因表示理解。在孩子情绪波动时，家长需要先接受孩子所说的话，有可能孩子在此时会指责家长，这时就以接受的态度去理解孩子的心情。可以说："我知道你现在的情绪很糟糕，我明白你因此感到难过……"

第五，创造身体接触的机会，安抚孩子。在孩子有情绪时，最好可以直接拥抱安慰孩子，只要家长的态度是接纳的，孩子更容易接受安抚。（在青春期时，不适合妈妈安抚男孩子，因为男孩子步入成年后更希望自己在女性面前是有力量的，而不希望表现出软弱。）

第六，讨论解决问题的办法，避免同样的事情再次发生。家长需要引导孩子解决引发他情绪的事情，要让孩子看清自己为何会受到影响而产生了负面情绪，并讨论下次如何避免问题的发生。借此提高孩子对事物的认识与理解，促进孩子更成熟地看待事物。

第七，运用空椅子。如果孩子情绪低落，又不愿意与人交流，就需要借助空椅子。让孩子自己一个人，把自己想倾诉的内容说给空椅子，以达到暂时的宣泄作用。最好还是可以通过交流，了解孩子内心真实想法后加以引导。

如果家长感觉仍然无法让孩子好转，就需要及时求助于专业人士，而不要让孩子的状态向更坏的方向发展。

身为家长都希望自己能够做一个好的妈妈或爸爸，并且希望把爱传递给孩子。但是，这不代表着家长面对孩子时可以永远保持耐心，家长在孩子成长的过程中，几乎都会有对孩子发脾气的时候，其中难免会让孩子感受不好。只是有一些家长对孩子的负面影响更多一些，也有些家长为了让孩子得到更好的帮助，会在孩子出现问题时求助于心理咨询师。现在，寻求心理帮助的家庭越来越多，只是有些家长对心理咨询效果寄予的希望过高，常期待身为家长的他们自己不做任何努力孩子就可以被调整好。曾有一位小学一年级的家长说："老师，我的孩子什么时候可以不再出问题。"我说："我们成年人有时都会遇到问题，何况您的孩子那么小。孩子就是在问题中成长起来的。在孩子成长中出现问题都是正常的现象，如果您希望他什么问题都不会出现，那可能您本身就已经出现问题了，已经开始想要逃避身为家长应对孩子承担的责任，这种心态本身有可能会让您产生烦躁情绪，无法以正常的心态与孩子交流，更不容易带给孩子好的影响。"事实也证明了我的分析，这位母亲经常对孩子发脾气，却很少真正帮助孩子解决问题。

所有问题较重的孩子背后，都会有一个或两个问题家长。家长越不愿意承认这个事实，就越容易产生不良情绪，也就越容易让孩子的问题加重或无法减轻。

与孩子互动时，家长的态度与情绪状态有时比他们教给孩子什么样的知识更具影响力。比如，当家长处于不好的情绪之中时，他就很难让孩子安静下来好好学习。如果家长是愉快的，他就不容易对孩子发脾气，并且表现得会比平时更耐心，那么孩子也容易安静下来用心学习。所以，家长的情绪会影响孩子的状态，孩子好与不好都与家长自身状态有关，不要再说："我的孩子怎么就不能够像别人家的孩子那么好啊？"之类的话。其实家长需要问自己这个问题，而不是其他人。不要只拿自己的孩子与别人的孩子比较，如果要真正去比较的话，需要比较一下家长自己与别的孩子父母在教育上有什么样的差距。这个差距才是家长最需要面对和反思的答案。

家长很多时候会把工作中的情绪，或是夫妻之间的不愉快发泄到孩子身上，这时会引发孩子对父母态度的困惑，会对父母产生疏离感。这些现象很难避免，因为生活本身就不可能全部如人所愿。遇到事情，产生不良情绪也是正常的现象，这并不是说就可以对孩子乱发脾气，家长能做的是需要懂得觉察，及时调整自己的状态，把因自身情绪问题带给孩子的伤害降到最低。

家长对孩子最好的教育就是人格基础的培养，孩子在人格形成的阶段需要家长投入时间和精力去帮助孩子认识自己或他所处的世界。没有哪个家长可以很"省心"地教育好自己的孩子。有些家长在孩子成长前期的工作做得比较多，所以，让人感觉孩子的表现比较好，比较能独立处理自己的事情。而有些家长在孩子出生后的前期没有在意教育的重要性，所以，后期孩子出现问题就会比较多，这时家长不能推卸责任，而是需要认真对待孩子表现出的问题，以免孩子长大成人后出现更严重的问题。正如现在社会上出现越来越多儿女对父母出言不逊，甚至打父母的现象。所谓"上慈下孝"，没有来自父母的慈爱，作为后代的子女也很难做到孝顺。这并不是说身为子女可以因为父母的过失而不孝顺父母，而是一些人已习惯了与父母之间的不良情绪互动模式，导致他们无意识地以父母曾对待他们的情绪习惯对待父母。如果不经过学习与自我情绪调整练习，他们就会无法觉察自己所表现出的不孝顺的态度，因为这种态度是潜意识的。所以，身为父母，需要懂得，现在你以什么样的态度去培养孩子，孩子将来就有可能以什么样的态度来对待你。

学习好的孩子背后，一般都会有一位耐心的家长支持着孩子。所以，当孩子学习不好时，需要反思一下自己是不是对孩子还不够耐心。

听话的孩子背后，一般都存在着一个懂得尊重孩子感受的家长。所以，当孩子很不听话时，需要反思自己是不是对孩子还不够尊重。

善于与人交往的孩子背后，一般都有着一位容易善待他人的家长。所以，当孩子不善于与人交往时，需要反思自己在孩子面前表现出来的是否是不容易接纳他人。

综上所述，孩子之所以会引发家长的不良情绪，根本的责任都在于家长自己。身教高于言教，家长以什么样的情绪状态对待孩子，孩子也会以什么样的情绪状态对待家长。如果家长本身是好学习的人，可能家长都不用对孩子说他要好好学习，孩子就已经通过家长的行为了解到学习的重要性，从而自己也会去努力好好学习。如果家长是性格温和的人，可能家长都不用去教育孩子如何去做，他自己已经习得了家长处理事情的方式。

接受现实中孩子本来的样子，尽量尊重与善待孩子，是家庭幸福必不可少的生活态度。

曾有家长问："我对孩子很好，什么都为他做，但是为什么孩子就不知道感恩呢？"这位家长认为她把孩子宠坏了，是因为她做得太好了。其实并非如此。个案经验证明：被宠坏的孩子背后都会有一个懒惰的家长。如同有些家长在孩子学习生活技能时，因为孩子学得慢，家长没有耐心去认真重复地教孩子直到孩子学会为止，而是求省时省心地都替孩子做了，孩子因此而没有学会他应该学会的技能。还有，当孩子哭闹着想要一些他不应该要的东西时，一些家长会因为怕孩子过于吵闹而满足孩子的要求，让孩子觉得他的哭闹可以成为获得自己需要的武器，从而没有了解到什么才是应该做的，而什么是不应该做的。家长面对孩子时，如果不能坚持应有的原则，就很难让孩子懂得有些规则与标准是必须遵守的，孩子就难以学会适应环境，难以学会换位思考，也就很难了解为什么要感恩。

家庭教育也是爱的教育。身为家长，如果你爱你的孩子，你会耐心倾听他的心声；如果你爱你的孩子，你会懂得尊重他的感受与选择；如果你爱你的孩子，你会更多地给他认可，让他懂得相信自己；如果你爱你的孩子，你会让他开心，并让他懂得在自己情绪不好的时候如何真实善待自己；如果你爱你的孩子，你会接纳他所有的缺点并让孩子学会自我接纳；如果你爱你的孩子，你会相信他将会成为幸福的人。

孟子说："爱人不亲，反亲仁；治人不治，反其智；礼人不答，反其敬。"家长教育孩子时正是这样。孩子之所以不和家长亲近，家长需要反思自己对孩子的仁德够不够？如果孩子不听家长的话，家长需要反思自己教育孩子的方法是否需要改善？如果孩子不尊敬家长，家长需要反思自己是否不够尊重孩子？所以，人与人的相处，产生怎样的情绪氛围，常常是来自自己的情绪状态，自己状态好了，所面对的世界才会好。

五、家庭中老年人的情绪管理

老年的心理特点，与他们退休不再工作以及身体健康日渐衰退相关联。如果可以多为子女付出，并且得到子女的尊重与认可，他们会感觉好一些。否则，他们会容易产生孤独和无价值感。他们的内心要面对死亡这一生命终极的现象，除了感觉身体上的日渐无力，还有周围朋辈的离世，也会对他们的情绪产生影响。

1. 老年人的心理特点及对应：

（1）容易悲观抑郁

有些老年人心理比较脆弱，不愿面对衰老的客观事实，有些人还会产生对死亡的恐惧，如果缺少人陪伴就容易导致抑郁情绪。一般会表现出情绪低落寡言，对外界的兴趣下降，感觉生活没有乐趣，不愿意社交，严重者还会出现自杀倾向与行为。

这时家人要尽可能转移他们对死亡的关注，多关心他们的活动内容，并尽量增加他们与外界接触的机会。一旦发现他们处于抑郁状态，感觉生活没有乐趣时，及时寻求专业的心理帮助，鼓励他们多增加生活内容，多与乐观的同龄人交往。

(2) 容易恐惧生病

很多老人对生病感到紧张，并且对自己身体健康日趋衰退感到恐惧，很希望自己能完全恢复健康，所以，会特别在意与养生相关的信息，喜欢按自己的想法治疗自己的疾病，如果病情没有转好，就会处于紧张恐惧之中。有些老人还会因此而过多地购买保健品，让子女无法理解。还有一些长期卧床的老人，会表现出消极而无奈的情绪状态，自己体验着痛苦又渴望能维持生命。

这时家人需要理解他们的恐惧心理，帮助他们科学地看待疾病和衰老现象，多寻找可以让老年人感兴趣的生活内容或电视内容，以消除他们的紧张恐惧心理。

(3) 容易依赖子女

有一些中老年人，当子女都独立后，不愿意被子女打扰，喜欢单独的生活。但是，一旦生病，就会希望子女能够留在身边照顾自己，子女忙时就会感觉被冷落情绪低落。如果老人的生活不能自理，孤独寂寞感会加重。

这时家人要尽量多安排时间陪伴他们多与他们聊天，要保持耐心关切的态度，多给他们带一些小礼物等，做一些让他们开心的事情，以减轻他们的孤独寂寞之感。

(4) 容易焦虑多疑

一些老年人，由于自己的身体情况不佳，常需要他人的照顾。经常处于这种被照顾的状态，使他们容易变得敏感多疑，总担心自己给家人带来麻烦会引起家人的不满，尤其是丧偶或独居的老人表现更加明显。他们对家人的言行和态度都过于在意，有时甚至会曲解家人的好意。

这时家人需要多理解老人，尽量顺从老人的想法，遇到老人无故多疑时，尽量多安慰，少争论。在他们身体许可的情况下，尽量多带他们到户外参加一些老年人的娱乐活动，让他们安心养老。

2. 老年人自我情绪管理

(1) 保持宽容心态

在力所能及的情况下，多理解子女和家人，不主动过问子女及家人的事情。接受已发生的现实，遇到自己感觉不顺心的事情时多与同龄人交流，让负面情绪得到及时的宣泄。

(2) 丰富生活内容

多培养自己的兴趣爱好，丰富自己的生活内容，少关注令自己不愉快的事情。如刺绣、编织、书法、绘画等，既增添了生活内容又可以陶冶性情，还有益于身心健康。

（3）多关怀他人，奉献社会

老年人的优势在于经验丰富，对人生的道理体验深刻，这时多关怀年轻人和下一代，传授自己的经验给喜欢学习的人，会增加自我价值感，更容易保持好的情绪状态。

第五节 家庭与非家庭环境人情绪场域的管理

一、环境与人际互动理论

（一）布朗芬布伦纳的环境生态系统论

在人的社会性发展的理论中，尤里·布朗芬布伦纳提出的环境生态系统论，可以说比较全面地概括了环境对人产生的影响。布朗芬布伦纳把环境的影响比喻成由近及远的系统，而这些环境系统之间又是相互联系并同时在起作用。他认为，环境（或自然生态）是"一组嵌套结构，每一个嵌套在下一个中，就像俄罗斯套娃一样"。个人处于中心位置，被几层环境系统所包围，从直接环境到更远的环境，如社会文化等，与个体之间相互作用，最终影响人的发展。

他认为自然环境是人类发展的主要影响源，环境系统分为对人直接产生作用的微系统、因互动而产生作用的中间系统、间接产生作用的外系统和影响广泛的意识形态的宏系统。布朗芬布伦纳的理论，提供了许多可能影响儿童发展的不同水平和类型的环境效应。[①]

1. 微系统

微系统在环境系统层次的最里层，对个体活动有直接影响，这个环境系统会不断变化和发展。早期主要以家庭为微系统，随着婴儿的不断成长，活动范围也会不断扩展，进入幼儿园、学校，在这些环境中会接触更多的人和同伴，这些关系也在不断地进入人的微系统环境。对学生来说，学校是除家庭以外对

---

① ［美］戴维·谢弗：《发展心理学：儿童与青少年》，邹泓等译，中国轻工业出版社 2009 年版。

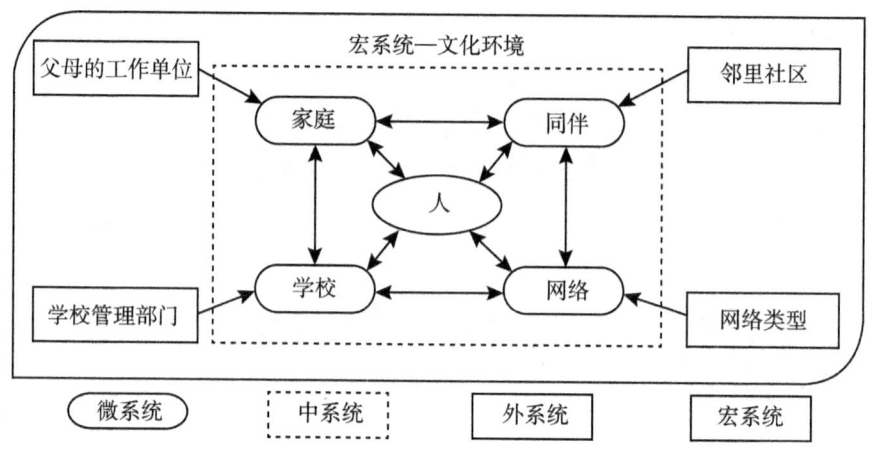

其影响最大的微系统。

人生长的自然环境会随着儿童的发展不断扩展，随着儿童接触的环境的增加，环境系统也会逐渐变得复杂。儿童不仅受微环境系统中的人影响，同时如班杜拉所说，人也在影响环境。如他们天生的气质类型，他们在成长中所形成的行为习惯及对他人的态度特征等，都会影响到环境中的人对他们的态度和行为。例如，一个爱笑的孩子更受父母的喜爱，而一个爱哭的孩子却有可能会得到父母更多的照顾。而他们对父母的态度也会影响到父母对他们的态度，甚至还会影响到父母之间的关系，如很多父母会为孩子吵架一样。因此对发展来说，微环境是动态的，每个人既影响系统中的他人，也被系统中的他人影响。

2. 中系统

中系统是扩展开的第二个环境层次系统，中系统是指各微系统之间的相互关系与影响。布朗芬布伦纳认为，个体发展可能被微系统之间的联系所影响，被紧密而富有支持性的联系所优化。如果微系统之间的联系较紧密并且相互支持，个体的发展就有可能实现最优化。相反，微系统间的联系是非支持性关系，个体的发展就有可能出现困难而产生消极的后果。例如，如果家长与老师是一种合作的态度，那么，就容易把孩子引向好的发展方向；如果孩子的家长对孩子过于溺爱，孩子将会因被家庭溺爱而无法与他人建立良好的关系，那么，同伴的排斥与敌对也会对孩子产生负面的影响。所以，中系统的活动会比较复杂，但其中起作用的因素来自于各微系统间的互动状态。

3. 外系统

外系统处于中系统的外围，是第三层的环境系统，这层环境系统是指儿童并未直接参与其中，但却对他们的发展会产生影响的系统。如父母的工作环境，学校的管理系统等，虽然儿童并不会直接参与其中，但父母的工作环境会影响到父母的心情，间接地会影响他们对待孩子的态度，而学校的管理会影响教师对待教学的态度，也会间接地影响到孩子的成长。

4. 宏系统

宏系统是影响着微系统、中系统和外系统的宏观系统，其他各系统处在文化、亚文化或社会阶层关系的背景中必将受其影响。宏系统是一个影响广泛的意识形态系统，它规定如何对待儿童，教给儿童什么知识与技能以及儿童在成长中努力追求的目标是什么，这些都受到文化差异的影响。儿童在家庭、邻里、学校和所有其他可能直接或间接参与的场合都受到地域文化的影响。在不同文化中人的观念是不同的，对待儿童的方式也会不同，而这些观念都存在于微系统、中系统和外系统中，直接或间接地影响儿童知识经验的获得。

除了以上四个环境系统，布朗芬布伦纳的模型中还包括了时间纬度或称作历时系统，它指的是发生在儿童身上或发生在任何一个生态环境中、可能直接影响发展的那些变化。他强调了儿童的变化或者发展，需要将时间和环境相结合来考察儿童发展的动态过程。婴儿一出生就置身于一定的环境之中，并通过自己本能的生理反应来影响环境。通过行为，比如哭泣来获得生存所必需的物质。另一方面，随着时间的推移，儿童生存的微观系统环境不断发生变化。引起环境变化的可能是外部因素，也可能是人自己的因素。因为人有主观能动性，可以自由地选择环境。而对环境的选择是随着时间不断推移个体知识经验不断积累的结果。

布朗芬布伦纳的环境生态系统论模型非常精确地解释了"生态转变"：当儿童从最初的微观系统—家庭走向联结最外层系统的中观系统时，他们的行为和观念将因此发生的转变。每次转变都是个体人生发展的一个阶段。这些转变发生于毕生之中，常常成为发展的动力，同时这些转变也会通过影响家庭进程对发展产生间接影响。像给予孩子的支持一样，父母们必须也同样给予他们自己尝试的自由。正如前文所述，一个人最初是在家庭里发展出自我感，然后是在邻里之间、幼儿园以及范围更广阔的社区。

（二）维果茨基的社会文化理论

维果茨基是一个活跃在 20 世纪二三十年代的学者，他强调人类发展发生在一个特定的社会文化背景中，这一特定文化背景影响发展的方式；儿童的许多重要人格特征和认知能力都是从其与父母、老师以及其他有能力的同伴的社会互动中获得的。这与布朗芬布伦纳的环境生态论是一致的。维果茨基社会文化理论的核心组成部分包括中介、内化、最近发展区、搭手架、活动理论。

在这些理论中，他强调了语言符号的作用。他认为人类生活在两个世界中，一个是具体的物质世界，一个是抽象符号的世界。他认为语言符号对社会文化交流互动起着媒介作用，同时也影响人类思维活动。人们通过调节自己的物质世界、社会以及心理来推动人类的各种活动。人们在生活中得到经验后，受社会环境的影响所产生的一些现象，通过人类大脑的思考过程，传输到人的内心，通过"同化"和"顺应"两种机制，形成一个相对稳定的认知结构，这个过程就是内化。人类思维的发展是社会文化碰撞交融的结果，最终形成人类高级认知功能。最近发展区和搭手架的提出对教育理论的发展起到了重要的作用。维果茨基指出，孩子发展要经历实际发展水平和心理功能的发展水平两个阶段；前者是由孩子独立解决问题的能力所决定的，后者是由成人指导和同伴间的合作所决定的。最近发展区预示着孩子将来独立做事、执行某些智力功能的能力。

维果茨基认为，活动可以作为观察和研究意识的框架，认为意识是心理学研究的对象，但只有在行为层次上才能观察到。人类行为包括三个层次：行为层次、行动层次、实施层次。与这三个层次相对应的是动机、目标和条件，行为是和活动者有意识或无意识的动机相联系的，不存在没有动机的行为；行动服从于有意识的目标，实施就是达成目标的具体行为。目标决定了方向，动机决定了努力的程度，行为是在具体的情景中进行的。

维果茨基主张，婴儿生来具有几种基本的心理机能：注意、感觉、知觉和记忆，这些最终被文化转变成新的、更复杂的心理过程，他称之为高级心理机能。每种文化都会提供给儿童一些智力适应工具，使儿童更好地应用他们的基本心理机能。文化传递的记忆方法和其他文化工具教会儿童如何运用他们的心理机能，也就是教会了他们怎样思考。维果茨基认为，即使个体在隔绝状态下进行认知加工，也会自然地带有社会文化性质，因为认知加工受到文化传递给个体的观念、价值观和智力适应工具的影响。而这些价值观和智力工具都具有很大的文化差异。

(三) 格式塔心理学理论

"格式塔"这一术语指的是由两个或更多相关部分组成的动态的有组织的整体。格式塔疗法关注的是完整的个体,而不是行为的总和。格式塔疗法总的目标是认识自我、他人、成长环境以及个体的整合。[①]

格式塔心理学研究的对象有两个,一个是直接经验,一个是行为。格式塔心理学家认为,心理现象是完整的格式塔,是完形,不能被人为地区分为元素;自然而然地经验到的现象都自成一个完形,完形是一个通体相关的有组织的结构,并且本身含有意义,可以不受以前经验的影响。格式塔心理学家认为,物理现象和生理现象也有完形的性质。正因为心理现象、物理现象和生理现象都具有同样的完形性质,因而它们是同型的。格式塔心理学家认为,不论是人的空间知觉还是时间知觉,都是和大脑皮层内的同样过程相对等的。

1. 心理发展[②]

格式塔心理学家把完形理论应用到发展心理学研究中。行为主义用联结的观点解释学习,而格式塔心理学则用知觉场的改变来解释学习。他们认为,意义的改变就是心理的改变或发展,这是用刺激—反应的联结公式无法解释的。他们认为,行为是由相互作用的力组成的动力模式支配的。个人操作的场是内部和外部的力积极活动的心理物理场。这种操作的场既可以在物理场的基础上从局部或分子的观点进行研究,也可以在涵盖经验和行为各方面的整体或大分子水平上进行研究。格式塔心理学家认为,分子行为应由物理学家和生理学家来研究,而整体行为则适合心理学家来研究。

2. 人格理论

格式塔心理学派把人格看作是一个动态的整体,行为场有两极,即自我(人格)和环境。当一个人的目标(即动机和需要)一经达成,紧张就会消失。场内的力处于不平衡状态时就会产生紧张。这种紧张可以在自我和环境之间形成,从而加强极性,破坏两极的平衡,造成个人自我与环境之间的差异,使自我处于更加清醒的知觉状态;它也可以在自我内部或在环境中形成,然后再导致不平衡。

3. 心理场[③]

[①] [美] 理查德·S. 沙夫:《心理治疗与咨询的理论及案例》,胡佩诚等译,中国轻工业出版社2000年版。

[②] 车文博:《西方心理学史》,浙江教育出版社1998年版,第425~432页。

[③] [美] 库尔特·考夫卡:《格式塔心理学原理》,北京大学出版社2010年版。

格式塔心理学的代表人物之一考夫卡认为，世界存在心理场和物理场，人的经验世界与物理场世界不一样。观察者知觉现实的观念称作心理场，被知觉的现实称作物理场。例如两条一样大小和粗细相同的木棍分别被放到更粗一些或更细一些的木棍旁边，然后让人判断这两条木棍谁更粗一些时，人们常会觉得放在更细的木棍旁边的那根比较粗，这就是观察者的知觉产物，属于心理场。然而，如果观察者对两根一样粗的木棍进行测量，得出一样粗的结论，这就是物理场。从中我们可以看到心理场与物理场之间并不存在一一对应的关系，但是人的心理活动却是两者的结合，被称为心物场。

心物场含有自我和环境的两极化，这两极的每一部分各有它自己的组织。环境又可以分为地理环境和行为环境两个方面。地理环境就是现实的环境，行为环境是意想中的环境。考夫卡认为，行为产生于行为的环境，受行为环境的调节。

但是，行为环境在受地理环境调节的同时，以自我为核心的心理场也在运作，它表明有机体的心理活动是一个由自我—行为环境—地理环境等进行动力交互作用的场。

二、个体与人际情绪场域的能量

一个生命的孕育，离不开阴阳两性的合作；而一个婴儿能顺利地长大成人，离不开周围人对他（她）的关照。可以说人从出生开始就生活在人际互动之中，而每一个人体都是一个独立的场域，并且是具有一定的能量。正如考夫卡所说这个世界是心物场，而在这里我们更关注的是心理场所起到的作用。我们可以把每一个个体看做是一个心理能量场域，把人与人的互动看做是能量场域的互动，人际关系则是个体能量场域之间互动结果的外在体现。

"能量所产生的作用与影响叫做能量场。量子物理学认为，人们可以通过身体振动频率产生的能量制造出不同频率的电磁场。而频率相近的电磁场又可以相互交汇而形成更大的磁场，于是便有了触电的感觉。人们常说的'物以类聚，人以群分'，就是受到了这种振动频率的吸引。"[①]

场域能量与能量场的区别：

能量场泛指能量所产生的作用与影响，而场域能量特指个体自身所具有的能量所形成的场域，是个体内部的能量活动状态。

---

① 苏祺：《能量场》，江苏文艺出版社2013年版。

人际场域能量理论以格式塔心理场理论为基础，格式塔人格理论认为人格是一个动态的整体，行为场有两极，即自我（人格）和环境。这种互动影响着人的情绪状态形成内在的平衡或不平衡状态。同时该理论提出了心理场这一概念，考夫卡认为，世界是心物的，经验世界与物理世界，而人类的心理活动却是两者结合而成的心物场。从这一角度可以看到，人与人或物理之间存在着内在的链接，这种链接会以经验的形式影响人内在的心理活动，这种活动就是人的场域能量的作用。

情绪的场域常常来自人际的互动，正如婴儿的情绪常常会受环境的影响一样。由于生命的成长依赖于环境提供的帮助，所以，从本质上说，人的一生中需要感谢的人很多，自己的父母及家人，还有曾帮助过自己的朋友等。但是人的自我保护意识会让人们更多地记住来自他人的伤害，不能理解和原谅他人的过失，一旦感觉别人让自己感觉不好时，就会记恨他人，即使这种不好的感觉只是因为人们自己过于敏感导致的，人的负面情绪却会因此而产生，而人一旦记恨他人，被这种记恨情绪伤害更多的其实是他自己而不是那个被记恨的人。因为当人处于怨恨等负面情绪时，自身场域就会与仇恨能量相链接，这时就会让自身的场域出现问题。当人每天纠缠在这种仇恨能量之中时，就是在用人的负面记忆去看待这个世界，而非当下真实的自己，人会更负面地看待事物与他人，从而毁掉获得美好事物的机会。

三、他人情绪能量场对个体的影响

正如人们感受到的，如果家庭成员有一个人不快乐，那么其他家庭成员也将会受到他的情绪的影响，很难独自快乐。如果家庭成员里有一个倾向于负面情绪策略的人，那么整个家庭可能都会受其影响，令大部分成员都将感受到一定的负面情绪气氛。所以，他人的情绪会因场域的相接而影响到自己，这也就是人与人接触时所产生的场域相接的效果。只是，这种影响往往因人与人之间场域的能量不同而受到的影响不同。一般规律是能量低的更容易被能量高的人所影响，但是如果相处的时间比较长，并且相互认同比较高，那么就会产生双方相互的影响。即关系越密切，影响力也就越大。也就是说人在影响着他所接触到的世界，同时这个世界也一样在影响着他。人与环境常常是不可分割的整体，如果一个人曾把自己的负面情绪发泄给某个人，那么被发泄对象再见到曾对着自己发泄的人时，他就会不自觉地产生与发泄的人相同的场域能量，只是不一定会选择发泄回去，但是，两人相处的场域和谐度就会下降，只要用心去观察就容易感受到这个规律的存在。

心态是语言的指挥棒。人的任何行为乃至思想都会影响到与环境的互动。语言是人与人互动的重要途径，思想决定着如何去表达内心在互动中的感受，以及如何去影响环境与自己的互动。在这个过程中，不仅人的外部语言起着重要作用，同时，人的眼神和动作也起着重要的作用。眼神与动作就是一个人的个体场域能量的外在表现，这个场域能量会以一种潜在的方式进行交流，并影响着对方和自己。因为这种场域能量也在不断流动与变化着，随时会以双方场域能量的变化而变化，所以，人的思想一直都参与其中；这就是为何沟通时更重要的是把握好心态而非只是谈话的内容，心态好了，沟通才能产生好的效果。所以，沟通的心态比沟通的技巧更重要。

四、场域能量对人情绪的作用

人对自己的觉察更多的是从自己的能量场开始，自己场域中存在着什么样特点的能量，自己就会受什么样的场域能量引导，相应会以什么样特点的言行去与环境互动，并将承受场域能量互动后带来后果的影响。例如，平时脾气暴躁的人，他的场域能量常具有攻击性的特点，那么，他就很容易在言行中去攻击他人，并也会因此而惹来麻烦。事后，当事人会表示，当时的自己无法控制自己不去攻击他人，更不希望惹上麻烦。这说明，人很多时候都在做一些对自己有伤害的事情，因为人常受场域能量的影响，所以人在个体的场域中并不是主人，一直都受能量场的记忆（我们的经历或代际遗传）所左右，很多言行都并非是出自人的本意。

为什么会出现这种现象？因为没有学习过如何及时让过去的一切都过去，而是把过去的记忆都放入了这个能量场当中，在不自觉中一直受这个场域能量记忆的控制，而非是人自己清醒的自我。如果在我们的记忆当中友善和美好的记忆比较多，那么，我们就容易以友善和美好的态度去应对与环境的互动；而如果在我们的记忆当中敌对和邪恶的记忆比较多，那么，我们就容易以敌对和邪恶的态度去应对与环境的互动；前者，有可能让人成为慈善家，后者，有可能让人成为罪犯。所以，一个暴力的人一定存在着在暴力中成长的经历。而在善良与爱的呵护下长大的孩子，很难认同暴力的力量，更信任善良与爱才是真正能够解决问题的根本。这也是一种家庭规则的作用力，一个家庭当中对什么认同的更多，那么，孩子就容易认同什么样的内容。但是，这并不表明人不能通过后天的努力而改变这一切，如果在之后的人生经历中，受到了另外的环境场域能量的影响，也可以改变之前影响的结果，正如我们前面所提到的方法，都可以带给人积极的改变。

苏祺在书中还提到，与能量级高的人在一起，也容易提升自己的能量。这与现实中人们的体验是一致的，也就是"近朱者赤"。所以，日常生活中多与情绪习惯积极的人在一起，容易因受到良好的影响而让自己的情绪转好。

人的思想本身在影响着整个身心的能量场，每一个个体其实都是一个场域，而非一个单一的个体，而且这个场域在时刻与周围环境中各种场域能量互动。例如植物的场域能量以安静为主，所以常接触植物的人更容易恢复内心的平静。

五、管理情绪场域——遵守心理与环境的平衡法则

所谓的心理与环境的平衡就是人与他周围的人和物之间处于和谐的平衡状态。为什么我不用谐调一词，而用平衡一词呢？因为平衡也有稳定的意思，所以用平衡更准确一些。

心理与环境的平衡法则就是能够让人获得和谐场域能量的规则。以我之前的案例经验整理了以下对人有重要影响的内容：

1. 稳定了你自己，就稳定了你所面对的世界。

在生活中，有些人容易被他人影响，有些人不容易被他人影响。容易被他人影响的人，程度适度的，被认为是一种配合；如果太容易被他人影响，就会被认为没有主见。不容易受他人影响的人，程度适度的，我们会认为他有主见；如果太执著于自我主见而无视他人的忠告，就会被认为过于固执。从人与人互动的角度来看，我们更信任情绪状态比较稳定的人。这种稳定，也会让我们感觉他是比较自信的人。所以，自信的人，容易被他人信任。当人稳定了自己，就容易影响他人跟随自己稳定下来，这样的人的场域能量往往比较高。

那么，如何让自己有适度的配合又能让自己有主见呢？答案是：多去学习一些必要的知识和他人的经验。因为没有主见或太过固执的人往往是缺乏知识的人。稳定的状态常是一种对一些事情的看法比较确定的状态，对自己想做的事情看得比较清楚，所以不容易怀疑自己，而且容易正确判断他人的建议是否具有有效性。这样的人一旦决定了什么，就不容易去怀疑。对他人的信任一旦建立，也不容易受他人的影响而改变。稳定的人，人际关系也会相对比较稳定，他对世界的感受也是稳定与安全的。

在这里需要谈一下人为什么要懂得善待自己：一个烦恼很多的人，对自己

的否定也会比较多，这样的人不仅没有善待自己，也不可能懂得善待他人。因为他的世界几乎被负面想法所占满，可以说一直在不断受负面思想的影响而让自己痛苦。所以，他根本就无暇顾及其他人的感受，与他人相处时，会不自觉地发泄自己的负面情绪而让他人感觉不好。所以，我们需要懂得善待自己，只有懂得让自己保持良好情绪的人，才能懂得如何让他人感觉好。

从场域能量的角度来看，能让自己稳定的人，就可以自己主导自己的场域能量，并使之稳定。这种稳定的场域能量也会在与其他场域能量互动中保持相对稳定，从而会影响到他所面对的世界的稳定。而善待自己就等于善待自己的场域能量，这种善待会让个体场域能量中正向的力量增加，使与这个场域能量互动的其他场域能量受到好的影响，也就是我们所感受的，让人感觉比较舒服。所以，善待自己，是善待他人的动力来源。

自我的稳定性是可以通过学习而获得的，正如知识与经历可以丰富人的内涵，人也会因此而更为成熟稳定。

2. 接纳父母的人，容易被他人接纳。

人是其父母结合的产物。在人的生命里都遗留着父母血肉的印迹，如果人对给予自己生命的父母是不接纳的，那他很难接纳完整的自己。一个不接纳自己的人怎么会生活得快乐呢？一个不快乐的人，是不容易受欢迎的，对这一点，我们都应该有亲身体会。与朋友在一起时，都希望得到愉快的交往体验，而不快乐的人在人际互动中由于对自己的不接纳而容易负面关注他人，这样也容易带给他人不愉快的情绪氛围。这也是为什么与父母关系好的人，往往可以很好地与他人相处，而与父母关系不好的人，就很难长期与他人保持良好的相处关系。

从场域能量的角度来看，一个不接纳自己父母的人，其实是在排斥与自己链接最紧密的那部分场域能量，这样自己内部就会产生不和谐的场域能量状态，在与他人互动时，这种不和谐就会带入到互动的感觉之中，那么，所产生的结果就是不和谐，自然也不容易得到他人场域能量的接纳，个体的体会就是不容易被他人喜欢。而接纳自己父母的人，就容易接纳来自父母场域能量的支持，让自己的场域能量在与人互动中得到和谐场域能量的支持，并让对方的个体场域能量感受到这一点，对方就容易接纳这个场域能量，而表现出愿意与之相处互动。这时，个体的体会就是容易被他人喜欢。

3. 认同什么，什么就会成为人的一部分场域能量。

在生活中，人认同什么就会更关注什么。这种关注就会让人不自觉地受到影响，并让关注的内容走入他的内心，内化成他的一部分。例如人看电影，如果他认同故事中善良者的表现，那么，他就会不自觉地模仿善良者的言行表现；如果他认同故事中邪恶者的表现，那么，他就会不自觉地模仿邪恶者的言行表现。只是人在认同好的言行时，人就容易因获得好的言行的影响而被他人喜欢；认同不好的言行时，人就容易因获得不好的言行的影响而被他人排斥；因为人的经验会让人了解，比起与邪恶者在一起，与善良者在一起会更安全。我们看书或与他人交往时我们认同的内容就会对我们产生比较大的影响，不认同的部分会被我们忽略。所以，在生活中多培养一些好的兴趣爱好，多与善良乐观的人在一起，会让我们身心感受到更多的愉快。

从场域能量的角度来看，任何我们接触的人和物都具有他们自己的场域能量，比如，一本书本身就是场域能量的体现，音乐、绘画等也都是场域能量的体现。人接纳的正向场域能量越多，也就获得的越多。而对美好与积极的内容认同较多的人，容易获得美好与积极的场域能量；对敌对与负面的内容认同较多的人，就容易获得敌对与负面的场域能量。所以，多关注并认同生活中所遇到的好的内容，会让自己的身心更美好。

4. 与你交往的每一个人，都是被你自己的场域能量吸引的结果。

这是吸引力法则，如果人与人之间没有共性，就不容易走到一起。比如只有在参加了群体活动之后，才有可能遇到与人互动的机会。那么，对于成人而言，工作中或业余的团体活动会相识一些人，而这些人也正是因为有着某种相同的技能或个人期望而走入了一个团体。

从场域能量的角度来看，这些人都是被个体场域能量吸引来的人。人如果不希望遇到自己所在团体里的某一个人，那么，他能做的只有去改善自己与那个人存在的类似的内在场域能量（如欺负他人的人与被欺负的人的内在场域都存在敌对能量），一旦个体场域能量通过积极的自我暗示或内在冥想等方法改善了能量的内在链接，往往会出现这种现象：那个人在你眼中不再被排斥，你不再害怕或讨厌与他相遇。之后会出现三种可能：①你正向的场域能量会渐渐地让他改变；②他会离开你所在的团体；③你会遇到更好的团体。也就是说你的场域中正向的能量会引导你整体的场域能量向好的方向发展。

所以，当一个个体不喜欢团体里的某个人时，他首先应该是努力让自己场域能量变得接纳度更高，而不是选择排斥或回避不喜欢的人。因为场域能量的规律是越排斥，能量的力量就容易被分散，这种分散就会让人感受到不安，同时，如果个体的场域能量自身没有发生变化，在任何一个团体中都仍然会遇到同样的人。所以，改变自己的场域能量，才能够改变自己环境对自己的影响。

5. 以友好善意的态度对待他人，会获得平静的力量。

友好和善意可以让人感觉到愉快，愉快的心情本身就是一种平静。在心理咨询案例中，也曾有一些来访者说，只要见到自己喜欢的人心就会感觉比较平静，因为喜欢的人会让人感受到愉快，这种愉快也必将是友好和充满善意的。所以，与人相处时，先以友好善意的态度对待他人，不仅容易被他人喜欢，同时也会让自己因为这种愉快的互动而得到平静。友好和善意是一种信任的表现，这种信任会让人比较安心。安心会带给人平静的状态。

从场域能量的角度来看，友好和善意本身会吸引来友好善意的场域能量，场域能量与场域能量之间是友好善意的互动时，相互接纳的程度比较深，会让整个场域能量受到这种接纳的影响，而让这种友好善意在场域能量中占主导地位，从而个体会感受到互动的愉快，整体状态也会比较稳定。

所以，有很多来做咨询的求助者，常会表示他们与心理咨询师谈话之后，心情会比来之前平静很多。因为心理咨询师职业的基本要求就是对来访者要无条件接纳，而这种态度本身就是友好与善意的。

6. 真诚地接受自己的缺点，你会活得更坦然。

应该说世间没有完美的事物，就像同样是美丽的荷花，有人喜欢而有些人就不会喜欢。不喜欢荷花的人，总会找出不喜欢的理由。人在面对他人时也一样。有人认为某个人很完美，但是其他人可能会觉得他是有很多缺点的。所以，事实上并不存在完美的人，每一个人身上都有所谓的缺点。只是由于相处的时间与距离的关系，看到的角度不同，也就会有不同的印象。人的缺点很容易被自己的家人或朋友指出来，指出来的目的常常是希望他能让自己更好，而非只是责备谁，但是由于家人或朋友说出的语气不同，被接受的程度也会不同。人无论愿不愿意接受自身存在的缺点，缺点都会存在。而所谓的缺点常是阻碍个人发展的行为或态度，如果只是一种个人生活风格的不同，那就根本称不上是缺点。

应该说每个人都有缺点，因为看他的角度或对他的期待不同，所得到的印象与结论就会不同。比如：有一些人认为喜欢喝酒的人不太好，而另一些人则认为不喜欢喝酒的人比较无趣。有些人虽然意识到自己有缺点，也同样活得比较愉快，因为他们并不介意别人指出他们的缺点。而有些人，却会对自己的缺点很敏感，并因为自己有这些缺点而排斥自己，一旦自己做错事情，就会非常自责，产生很多负面情绪而影响到他人。这样的人，因为对自己是不接纳的，所以也容易将这种情绪投射给其他人，与他人的互动中就容易表现得比较挑剔，不能容忍他人的缺点，从而无法与他人相处得和谐。并且，也会因为自己不喜欢自己，所以极力隐藏自己的缺点而让自己活得比较累。其实，没有多少缺点可以隐藏得住，没有多少人会在意他人存在的缺点，只会在意他人对自己的态度。

这是不是说人有缺点就不需要改善了呢？答案是否定的。如果人的缺点阻碍了个人的生存及发展，则必须改变。如果人的缺点（比如好负面关注自己和他人）让自己无法生活得愉快，也必须得改变。但是，如果一个人连自己有缺点这一事实都不愿接受，他就看不到自己欠缺的是什么，也就无从改变了。所以，人只有先接纳自己有缺点的事实后，才能让自己生活得更好，不仅会让自己活得坦然，也会让他人感觉自己是一个容易被接近的人，也就更容易得到他人的认可，支持自己的人也会比较多。这一过程都是接纳—改变过程中的结果。曾有一位心理学家发现，人表现得不完美反而会被更多人喜欢，所以，受不受欢迎并不是因为完美不完美，而是因为人能否坦然地面对不完美的自己，能否容易接纳他人和被他人接纳。

从场域能量的角度来看，接纳自己的缺点，也就是善待自己场域中消极的能量，这种接纳的力量本身就是对消极能量的一种转化，这个过程的结果必然会使能量变得更为和谐，从而产生更大的力量感。同时，接纳自己缺点的人，也同样会接纳他人不完美的场域能量，那么，互动的场域能量就容易因相互接纳而产生和谐力量，让双方感受到平静。

7. 你的场域能量创造了你所感受的世界。

对于成年人来说，环境虽然决定了人们需要选择的生存方式，但是，在什么地方生存，以什么状态生存却是人们自己的选择。所以，当人独立后，人对自己的生命就具有一定的自主权。与什么样的人相处，住在什么地方，以什么态度对待他人并影响他人如何来对待自己，这都是人自己做的决定。同时，每个人都在以自己的角度理解这个世界，人的理解角度会决定人看到的内容。所以人的心理状态在决定着人所感受到的世界。

从场域能量的角度来看，是人的场域能量特点决定了人如何去感受他所面对的世界，同时也在吸引着外界中与自己场域能量有着内在相似性的内容，所以，人的思想会决定着人的价值取向。有一些人，虽然外在表现出友好与善意，但是内心却会存在很多不善良的思想，所以他们会说自己常会遇到不善良的人。这样的人场域能量里带有一定的破坏力，而他们自己却无法觉察到。个体与个体的相遇一定是存在着某种内在的相似性，这也许就是佛经所说的业的轮回。但是对常人而言，在没有任何禅修的体验时，是无法理解"业的轮回"的规律，只是明白多读书会扩展人的视野，让人可以借鉴他人的经验而使自己少犯错，面对人生的选择时，可以选择对自己有利的道路去走。所以，人在成年以后，相对的独立可以让人有能力去选择那些带给自己良好场域体验的个体或团体，进而让自己发展得更好。从这个角度看，个体场域能量的方式在决定他对环境中场域能量的感知与选择，这样，最终会创造出他所感受的世界。

8. 能让你高兴的人，只有你自己。

能不能高兴，是自己的一种选择。人如果认真观察自己的情绪，便会发现能让自己高兴的事情不一定会让别人高兴；而别人认为很高兴的事情，自己却未必会认为是一件高兴的事情。当然，与他人的互动中，他人的言行也会影响到人们的情绪。有时他人的表现也会让人高兴，但这时的人们一定是因为愿意配合他人的善意才会高兴起来；如果一个人正因为自己的一些烦恼而情绪低落，就很难去配合他人而让自己高兴起来。所以，真正能使自己高兴起来的人，只有自己。

从场域能量的角度来看，人的场域能量的状态决定着能否让自己高兴起来。人的场域能量是很多能量团的集合，而这些能量团之间也在不断互动而产生着作用，常是一部分正向能量与一部分负面能量在互动。所以，人在内部对话时，好像有两个人在对话一样。人快不快乐，往往是这两种能量谁会占上风的结果。如果人平日认可自己的正向能量时较多，人就会把场域能量的主动权交给正向能量，从而人的场域能量就容易积极乐观。反之，结果也会相反。所以，能否选择快乐，是人自己的决定。而善待自己的人，多会去选择让正向的能量做自己场域能量的主导力量。

9. 计较自己的得失，只会让自己不快乐。

喜欢计较得失的人，常会更关注自己的利益，并因此容易产生不满情绪，让自己过得不快乐。太计较得失的人，合作意识会比较差，所以，也容易因为计较得失而让他人不快乐。其实，事情并不会因为谁的计较而给谁更多的回报，反而会因为人的计较而失去更多获得利益的机会。有些人，会觉得自己争一争就会得到的更多，但他忘记了，一时之争失去的是未来的获得。所以，计较得失的人，会在不断的计较中失去更多，并且，会因为计较而常让自己生活得不快乐。

从场域能量的角度来看，计较得失本身是对自己所得到的结果不满意，也就是对自己场域能量付出与所得的互动结果不满意,而这种不满有可能是来自自己对结果的过高期待,但是,当自己让负面的场域能量起主导作用时,在下一次与他人合作时就可能会潜意识地去阻止获得同样的合作机会。并且,这种不满意会让自己的场域能量内部产生冲突,因为潜在的正向场域能量仍会希望影响负面场域能量而让个体获得成功的发展机会,但又无法真正获得主导权,所以个体就会感受到心理上产生的波动,情绪也将会随之波动,而负面场域能量最终会起到主导作用,个体整体的场域能量也会产生对负面结果的不安,这样就无法让自己快乐起来。

10. 主动适应环境中的人与物,会更容易感受到生活的美好。

人从降生后就一直在适应着环境。孩提时代,人对自己生活得怎样没有太多的概念,所以,很容易生活得快乐。正如,无论生存的条件多差,都无法阻止孩子们纯真的欢笑一样。当人还没拥有对环境的选择权时,人会主动适应环境而让自己生活得快乐。但对于成年人而言,已经具有了一定的经济基础,可以选择自己的生存条件,反而增加了更多的欲望,渴望获得更多自己目前没有的东西,渴望可以与更好的人在一起生活。这些不断增加的欲望使得成年人不容易生活得快乐。

决定能否生活得幸福的因素,不是经济条件,而是人们自己的内心对环境中的人或事是否接纳。如同,人们认为贫穷是一件痛苦的事情一样,这种想法是因为人们生存在相对富有的条件之中,所以才会认为贫穷的生活一定会非常痛苦。但是,当人们与那些贫穷的人相处后,会发现他们活得有可能比自己更快乐。因为他们只要有吃有住后,他们就会很满足,所以精神上就会表现出很快乐。丹津·葩默[①]认为只有精神世界的解脱才是真正幸福的生活。虽然,不是每一个人都适合出家,但精神世界的确决定着人们是否能生活得幸福。在从事心理咨询的工作中,曾遇到过太多不快乐的有钱人,他们的不快乐,都是来自于他们对一些事情或人的不愿接受,排斥他们当下所生活的环境,让他陷入到痛苦的感受之中,而渴望得到未得到的,又让他们活在一种饥渴的煎熬里。带给他们痛苦的并不是环境和他人,而是他们自己的欲望与对他人的排斥。

所以,主动适应自己所面对环境中的人与事物,并常以接纳他们的心态生活,人会感受到更多生活的美好。

---

① 《心湖上的倒影》的作者,是一位英国人,也是位出家的女尼。

从场域能量的角度来看，接纳会让场域能量的互动变得和谐愉快，正向的力量会增大，主动关注他人好的一面，并接受自己所处的环境，个体的场域能量就容易起到好的作用。渐渐地，人们会发现，他人会在自己的接纳中变好；由于自己接纳了环境，所以会更愿意把自己的快乐分享给周围的人，更愿意把所处的环境布置得更好，自己和家人会感觉更舒适。这样，生活中美好的方面就会越来越多，人也就容易获得幸福感。

11. 不要轻易评论他人的好坏，像你一样，每个人都希望自己是好人。

正如前面章节中谈到的，善行与恶行只是一个人经历的体现。对于一个不友善的人，他自己的内心其实也希望自己是善良的，只是他不被人知的经历促成了他的不友善态度或恶行，所以人不应该轻易地评论他人，否则，我们会容易去关注生活中不好的现象，而让自己减少了对美好和善良的关注。

从场域能量的角度来看，评论他人的时候，是场域能量内部能量流动的体现，人关注在不好的事物时，场域能量也将因此而流向这些不好的事物并与之相连而让自己感受不好。如果人能够以理解的角度去看待他人，就可能不会去评价别人的好坏了。正如老子所说："天下皆知美之为美，斯恶已；皆知善之为善，斯不善已。"所以，过自己的生活，少评论他人为好。保持好自己，不让自己的能量流失在不好的事情上，是一种明智的选择。

12. 不说恶言，不做恶事，可以防止场域能量的混乱。

恶言与恶行会引来他人的抱怨或愤怒，容易引发人际冲突，这种冲突会让人的心理状态产生混乱。所有的人际冲突对人的内在感受都具有破坏力，人在与他人产生冲突后，内心的平静也会被打破，这是因为人会因此而在一段时间里保持对此次冲突带来的结果进行心理防御，这种防御意识会让人无法专注于自己应该做的事情，有时还会将这种不安泛化到与其他人的互动当中，从而引来更多的麻烦。这些都将引发焦虑感而让人身心不安，无法正常地面对工作或学习。所以，避免自己的恶言、恶行是对自己的保护。

从场域能量的角度来看，恶言与恶行是自己场域能量内在冲突的外在投射，是具有破坏性的能量起主导的一种表现。这时的场域能量以否定自己为主，并倾向于自我伤害或伤害他人，不及时觉察就会引发场域能量更多的内部混乱，让场域能量无法带给自己向好的事物发展的动力，反而会把人引向自我伤害甚至毁灭的道路。所以，舍弃恶言与恶行，是对个体场域能量的一种保护。

13. 管好自己的嘴，更容易做自己场域能量的主人。

"病从口入，祸从口出。"人如果说了让他人感到难受的话，他人的场域能量就会倾向于排斥与否定，这种能量反过来也会让人自己产生不好的感觉，自己的场域能量也会因受到影响而对自己进行否定与排斥，这时人就会被潜意识的自责所困扰。人如果可以管住自己少说话，就会有机会对自己的场域能量更加觉察，相对就容易做自己场域能量的主人，也就是可以选择表现出一些对自己和他人都有利的言行。不会让自己说一些不好的话而引来不好的能量，也就不会被场域能量中的负面能量所左右而作出对自己产生具有破坏力的事情。所以，少开口，多做事，会让自己生活得更自在，做起事情来也更容易成功。

14. 记恨他人，首先伤害的人是自己。

人在记恨他人时，情绪不可能是好的。而这种记恨常常会让自己很痛苦，但对于事情的解决或他人状态的改变，却起不到任何作用。有一位女士，因为被别人欺骗了感情而感觉很愤怒，导致她连续几天都无法正常入睡，因为感到太痛苦而求助于心理咨询师。通过咨询师的分析，她了解到她与骗她的男人交往本身是她自己的选择。所以，不仅是那个男人做错了事情，同时她自己也应该为自己的选择负责任。再者，事情已经发生，与其让自己处于仇恨之中而无能为力，还不如面对现实，选择原谅他人。咨询后，她感觉好受了很多，并因承认自己应承担一部分责任而原谅了对方。原谅了对方后，她自己整个人也都放松了下来。

当人遇到问题时，不断追究别人在事件中的责任，只会让人处于无奈的痛苦当中；如果让自己主动承担自己在事件中的责任后，不仅可以让人避免下次的错误，同时也会让人感受到自己可以掌握自己能做的事情，让人了解到自己一直是所处事件的主动者，而非无奈的被动者。这样，人更容易获得愉快感，并懂得及时让过去的事情过去而不再影响自己今后的生活。

从场域能量的角度来看，当你记恨他人时，你的场域能量会以仇恨为主导，这种仇恨的能量在没有宣泄的途径时，会指向自己。不仅让自己心理方面产生痛苦感，有时还会影响到身体的健康。比如，那位女士，几天没有好好睡觉，身体当然会受到影响，整个人消瘦了，免疫力也会下降。更有甚者，有些人还会因为仇恨的心理出现自残的行为。所以，当人记恨他人的时候，其实是在伤害着自己。

15. 让过去的过去，会使你的生活变得乐观而轻松。

让过去的过去，看上去好像是一件容易的事情，因为过去发生的事情实际上与当下的自己已无关系，无论人愿不愿意接受，时间都将让这些事情成为过去。但是，很多时候人仍然会活在过去的记忆里，受过去记忆的影响。很多人的内心世界仍停留在过去当中，不能回到当下。如果一个人过去曾经遇到的人或事让他无法放下，他就会在心里一直背负着这些记忆，在潜意识中把自己压得比较累。所以，当人们再次回想过去时，需要学会放下，告诉自己"让过去的过去。"让自己轻松起来，尽可能地活在当下，这样更容易快乐。

从场域能量的角度来看，如果人常回想过去的事情，他的场域能量就不容易获得新的动力，而且，让人感觉无法忘记的事情常是令人不愉快的事情，所以，他的场域能量也会变得不愉快。场域能量的状态不好时，就会影响到人难以获得自己场域能量的全部支持。所以，越是对过去的不愉快念念不忘的人，越不容易获得好的发展。如果人一直以"让过去的都过去"的思想对待每件事，他的场域能量就容易被新获得的能量所支持，个人的发展也容易顺利。

16. 执著于自己的感受，就容易被感受所左右，而让情绪失控。

如果一个人喜欢追求感官上的刺激，就容易对一些事物产生强烈的欲望，而让自己常处于对这种欲望的追求之中（如对物质的追求或对情爱的追求）。严重的，还会让自己无法正常面对工作或学习。有些时候还会因为得不到自己所追求的事物而让自己处于痛苦之中，并且，还会为此而大发脾气，伤害他人。这样的人，缺少控制自己欲望的能力，没有学会觉察生活中什么是重要的，什么是不重要的。

从场域能量的角度来看，容易被感受左右的人，很容易受个体场域能量中负面的能量影响。因为在遇到事情时会不自觉地随着感受走，所以，不容易觉察一些感受的短暂性，而一味地渴望得到自己想要的。当现实无法满足自己的要求时，整体的场域能量就会产生一种渴望与否定渴望的冲突，场域能量会因此而混乱，让人的状态不好，并容易把场域能量的破坏力投射到与自己亲近的人身上，引发自己生活整体环境的混乱。如果及时调整自己从这种追逐中出来，就可以恢复场域能量中的正面能量；如果不能及时调整自己的状态，那些亲近的人就有可能选择离开。所以，一味追逐欲望的满足，常会使人失去良好的状态，一旦欲望得不到满足，就会陷入到痛苦之中。

17. 关注当下，是让自己保持清醒地看待人与事的最好方法。

关注当下，会避免过去记忆对自己的影响，也会避免陷入到对未来的担忧中。所以，人更容易客观看待他人和一些事情的发生。关注当下，也会让人做事情时比较专注，更容易把事情做好，并因此而获得成功。

从场域能量的角度来看，关注当下，就是把自己的场域能量都放在了当下要做的事情上，所以，对当下的事情会看得比较清楚，同时也会因为能量的集中而让自己把事情做得更好，人也容易变得快乐与轻松。

18. 人在专注时可以使个人场域能量发挥最大的作用。

每次只专注于一两件事时，人更容易把事情做好，也就更容易获得成功。

从场域能量的角度来看，人的场域能量在没有外力的支持时，整体力量变化不大。所以，就个体而言让场域能量专注于一点时，力量是最强大的。如"急中生智"就是这个道理，因为人为一件事情着急时，就会把所有的注意力放在这一件事情上，而当场域能量都集中在一点时，所有其他的感知觉也就闭合了，所有的思考只会为这一件事情服务，所以，更容易获得强有力的内在支持而产生平时没有的智慧或能力。

19. 内心平静时，个体场域能量最强大。

从物理学的角度看，正负极相接会产生能量，而正负极的相接正好是零的状态。所以，让自己内心归零，会使自己的场域能量更强大。这种归零的状态，需要以静坐的形式去练习和掌握，具体的方法比较多，但必须都以静坐为基础。也就是，先让自己的身体安静下来，之后通过专一的关注过程而获得思想上的安静。因为这一过程具体练习起来比较复杂，所涉及的环节比较多，在这里就不详细介绍了，如果想学习静修的方法，可以向专业的灵修导师面对面学习，这样，在遇到问题时也可以得到及时的帮助。

20. 尊重与感谢生活的给予，会提升场域能量对他人的影响力。

经常心存感谢的人不容易产生负面情绪。谁会在感谢的时候心情不好呢？而当人以尊重他人的态度与他人相处时，更容易获得他人的尊重。如果，人能够时常感谢帮助过自己的人，在未来也更容易获得来自他人的帮助；如果能一直都以尊重的态度与人互动，就容易获得更多人的尊重。从而对他人的影响力也会因此而扩大。

从场域能量的角度来看，感谢和尊重都会让场域能量感受比较好，以感谢和尊重的态度与他人互动时，他人的场域能量容易接纳自己的场域能量而受自己的影响，所以，当人以尊重和感谢为主导的场域能量与他人互动时，他人的场域能量就容易配合自己的场域能量的需要，这时，人的影响力就会变大。所以，感谢与尊重是场域能量提升影响力的重要因素。

21. 无论结果如何，接受都是你唯一的选择。

有很多人会习惯性地为所做事情的结果担忧，其实，这种担忧除了会让自己处于烦恼之中，对事情的结果没有任何帮助。如果在做事情的过程中去担忧结果，反而会对事情的发展起到反作用。因为这种对结果的担忧会让人无法专心在自己所做的事情上，事情的结果反会因此而变得不好。当事情结束，结果绝不会因为当事人不愿接受而不存在，所以接受结果是人唯一的选择。如果人能主动地接受现实的结果，就不会产生没有必要的负面情绪，也就容易在事情结束之后反思什么导致了不好的结果，从中吸取教训，以避免下一次的失误；如果人不愿意面对已成事实的结果，就容易产生懊恼情绪，并会因此而忽视或回避自己应承担的责任，就不可能从事情中得到好的经验。所以，做事情时只尽力去做好自己能做的，专注于做事，事情就会因为人的努力而达到预期的结果。专心做事，比担忧结果更重要。

从场域能量的角度来看，对结果的担忧会让场域能量的能量分散，不能全部用在所做的事情上，这样就会导致场域能量不能发挥出最好的作用。

22. 当你做出选择后，需要懂得承担责任和主动解决选择后遇到的问题。

人生中，很多事情都是人们自己做出选择后的结果。是人自己选择了现在的爱人，也是自己选择了现在的工作。但是，当与爱人相处出现问题时，人们却很少会想自己的错，常以离婚逃开问题；在工作中，当自己感觉做不好时，常会以离职来逃避需要克服的困难。这些是一种不愿承担责任的表现。在婚姻中，很多人都因不愿承受对方不好的言行习惯而选择离婚，但是，当离了婚后，却又会想起当初选择对方时感受到的那些好的方面。这样的人，往往会一婚而再婚。而那些不懂得克服困难的人就会一次又一次地去找新的工作。所以，婚姻的幸福也好，工作的发展也好，不会因为人的不断选择而变好，只会因为敢于承担责任而变好。其实，人就是在不断面对问题与解决问题中成长起来的，人只会因为善于解决问题而获得事业的成功，以及家庭的幸福。

从场域能量的角度来看，承担责任本身是自己对自己场域能量的信任，这种信任会让自己主动寻求他人的支持，会更容易获得其他场域能量的支持。因为敢于承担责任的人，也是责任心比较强的人，会更容易得到他人的信任，从而更容易获得其他个体场域能量的支持。从环境的角度看，一个人敢于承担责任本身就是一种对环境的善意体现，这种善意会提高其他人场域能量的友好度，从而使与他人的合作朝好的方向发展。

23. 家庭关系是你自己与自己关系的体现，只有自己面对生活的态度是积极的，家庭成员互动才能和谐。

人在家庭中是什么样的状态，自然也会影响家庭中的其他成员。人如果对自己是接纳的，那么，他就容易接纳走入他的人际圈子中的每一个成员。当人接纳自己并且懂得爱护自己时，会更关注自己的优点，也容易关注自己身边人的优点，也就容易去爱自己的家庭成员。所以，当人感觉在家庭中不快乐时，多调整自己的状态，更有利于家庭关系的转好。

从场域能量的角度来看，人如果更关注对自己场域能量的调整，保持场域能量的积极性，就容易保持住自己场域的能量不被不好的力量影响，并能让自己的场域能量趋于稳定，这时场域能量的力量就会比较大。也就容易影响与自己比较亲近的场域能量，使其转变那些不利的负面能量。只是这种场域能量的影响过程需要的时间比较长，正如有些夫妻相处久了，很多方面会越来越像，这证实了场域能量相互接纳与融合的影响力。所以，婚姻建立在相爱的基础上时，人们就会做出很多相互接纳与融合的努力，甚至不惜时间去学习一些相处之道，让自己的场域能量获得更好的力量，从而让自己的婚姻越来越好。如果没有相爱的基础，人们就不愿意去做出这样的努力，从而婚姻关系就容易走向破裂。

24. 孩子的行为是对父母行为习惯的复制，无论你多么不愿意承认，它都是一个客观存在的事实。

"身教高于言教"，因为孩子的学习多以模仿的形式存在，人们常教他们很多做人的道理，但是，孩子习得最多的并非是这些道理，而是人们在他面前表现出来的一言一行。如果认真去观察，人们会发现孩子的很多行为习惯都会与某一位家长很相似。所以，身为家长不喜欢孩子做什么，就需要懂得从自身开始不去做什么。希望孩子是什么样的人，就需要在他面前表现出什么样人的样子。这是最好也是最见效的教育方法。

从场域能量的角度来看，父母与子女之间的场域能量内在链接比较紧密，更容易接受对方场域能量的影响，所以，在言谈举止方面就容易很相像。这也是一种场域能量复制的表现，其中也存在遗传基因的作用。

25. 如果你希望自己的孩子身心健康，请选择忠诚于你的伴侣。

孩子是与自己链接最紧密的人，应该说比自己的配偶还要紧密。所以家长做的事情所带来的感觉，孩子会很容易感受得到。一旦孩子感受到父母亲其中有一方不忠于家庭，孩子就容易表现得焦虑不安，很多孩子也会因此而学习下降。我们曾在家庭系统排列中，看到父母有外遇时，孩子会第一个感受得到，出于对父母的忠诚，孩子表现出担忧，这种担忧虽然可以通过家庭系统排列呈现出来，但是，在现实里，却只能以一种潜意识的形式存在，孩子所能感受的只是没有理由地不安。在心理咨询案例中也发现了这个规律，在不忠于配偶的家庭中，孩子容易出现身心疾病。所以，减少婚外性行为也是对自己的孩子负责。

从场域能量的角度来看，父母与子女的一部分场域能量是一致的，所以，言行表现背后的能量是一样的，在父母的场域能量出现问题后，孩子的场域能量也容易出现同样的问题。由于孩子还处于原生家庭之中，所以，父母外遇所产生的场域能量混乱，会使孩子的场域能量产生焦虑不安的状态。从这个意义上看，在一个离婚的家庭中长大的孩子，也很容易出现离婚现象，也正是这个道理。

26. 自责容易引发愤怒情绪（自我改善而不要自我责备）。

自责是非常不好的心理现象。当一个人做错事情后，如果他接受自己犯错误的事实，他会容易接受他人的批评，并更关注如何去改正错误。但是，如果他正在为自己所做的事情而后悔自责时，当他再听到别人批评他的话，就容易产生愤怒情绪。这种愤怒是对自己的言行不当所产生的后悔情绪，这种情绪有可能让他伤害自己，也有可能会投射给别人而对他人发怒。很多容易发脾气的人，内心对自己的自责情绪都会比较多。而这种自责的人又会表现出不宽容他人的现象，所以同时又提高了发脾气的几率。

从场域能量的角度来看，自责会让自己的场域能量出现两种对抗的能量，这是因为自责时，不仅是在对自己进行着否定，同时也会出现自己敌对自己的破坏力量。所以，会产生严重的不安状态，从而对自己的身心产生破坏作用。这也就是为什么有些人做错事后，会因为被说教而产生破坏的言行，有可能找人打架，也有可能出现自我伤害的行为等。

27. 与积极乐观而自信的人做朋友，更容易获得成功的力量。

积极乐观的人基本都是好学习、做事比较努力的人，而且也因为好学、肯努力而比较自信。同时，信任自己的人，更容易鼓励他人。所以，与自信的人在一起常常会获得被支持感，并且从他们的生活状态中得到好的影响而促使自己更多地去学习新知识。新知识可以营养人的思想，让人眼界更开阔，心胸更豁达；也能更好地提高做事情的成功率。成功的几率越多，人也就越信任自己。

从场域能量的角度来看，在积极乐观的人的场域能量中，正向的能量比较多，如果人的场域能量对积极的场域能量是接纳敞开的，人就容易受其影响而使自己的场域能量转化为以积极正向能量为主，从而使自己的场域能量也变得更为积极。

28. 你处于什么样的群体，就容易成为什么样的人。

"近朱者赤，近墨者黑。"每天与什么人接触就必然会受到什么样的影响。所以，选择生存的群体时，需要明白，自己将有可能成为与他们一样的人。因为进入一个群体，就需要懂得接纳这个群体的成员，否则，人很难在这个群体中生存下去。所以，人必然会接受团体的生存方式，包括言语和行为习惯；这种接受就会让人越来越像团体中其他的成员，就会成为团体所期待的样子。所以，对群体的选择会影响自己将成为什么样的人。

从场域能量的角度来看，人都是以自己的场域能量与他人的场域能量互动。场域能量与场域能量的接触会让能量的特点相互影响，如果面对的只是一个人，人就容易保持自己的场域能量原有的样子；如果面对的是一个群体，那么人就容易被其他类似的场域能量影响而让自己的场域能量发生变化，让自己的部分能量与他们的能量特点保持一致。所以，相互之间也就会越来越像。

29. 以你为主的群体，必然有你的场域能量特点。

以前常听到这样的话："什么样的将军就会带出什么样的兵。"当我了解场域能量的作用后，感受到了这句话说的正是现实中的真实现象。如果你是领导，你所带领的群体成员就会更关注你的一言一行，由于你是领导者，你的言行对群体的意识发展也起着引领的作用。所以，当这个群体出问题时，你需要先觉察一下你自己是否出现了问题而影响了整个群体的状态。如果你能保持好的状态，你所领导的群体也就会跟随你努力去保持好他们自己的状态。

从场域能量的角度来看，正常的规律是：你的场域能量很好时，你所领导的群体也会表现得比较好，因为你的领导在决定着他们如何运用自己的场域能量，这一过程中，他们的一部分场域能量会在潜意识中与你的一部分场域能量相链接，因为你是领导者，大部分群体成员会更多地受到你的场域能量的影响，但是，如果你的场域能量的稳定性不够时，你就容易因受你所领导的群体成员场域能量更多的影响而无法让自己的领导力量得以实施。而当你的场域能量出现问题时，这些问题也会通过你领导的群体成员体现出来。所以，从场域能量的角度来看，一个团队的状态，往往取决于团队领导者的场域能量状态。

当一个团队出现问题时，只有先解决了领导者自己场域能量中的问题后，才有可能真正解决这个群体出现的问题。

30. 场域能量需要不断被新的知识或信息更新，否则就容易被没有必要的垃圾填满。

一个不喜欢学习也不喜欢与人交往的人，最容易被烦恼纠缠。正如一些全职太太，如果不读书学习也很少与人交往，就容易表现出性情越来越暴躁的现象。因为没有主动通过读书学习等途径更新内在世界，又很少与人交流，将会对生活失去希望感；如一摊死水，很容易变臭一样，停滞的内心能量将会产生无价值的痛苦感而让自己很难受。水只有不断地流动起来，才会有新的资源加入，这样就不会滋生出不好的东西，而让它变臭。读书学习会丰富人的内在资源，与人交往也同样可以丰富人的内在资源，因为无论是读书还是与人交流，都是一种信息的更新。所以，学习知识与人际交往都会让个体场域能量获得新的能量资源。

31. 良好的内部对话，是对自己最好的暗示。

内部对话，就是自己对自己说的话。其实，这些话都是人在为自己做的催眠，让自己随着这些话所指引的动力向前走。乐观的人，内部对话的内容都趋向于正向积极；悲观的人，内部对话的内容都趋向于负面消极。而那些内部对话不稳定的人，就会表现得焦虑不安。所以，建立积极而良好的内部对话习惯，会让我们在自己对自己的催眠中越来越好。

从场域能量的角度来看，良好的内部对话是个体场域能量内部和谐的状态，会让人的场域能量趋向于积极稳定，情绪上面容易表现出平和安稳，人的整体状态就比较稳定。多积极暗示自己，场域能量中积极的能量就会起到主导的作用，成功的动力也会因此而增加。

32. 坚定的信仰，会带给人正能量。

坚定的信仰，会让人的场域能量稳定，并且也会因为对信仰的信任而从中获得能量，这种能量通常都是积极向善的。所以，有信仰的人内心会比较稳定，性格也会比较坚强。

从场域能量的角度来看，信仰会让人与更大的能量场链接。人对信仰比较坚定时，就常常会按照信仰所要求的内容去待人处事，整体场域能量都会因为与信仰的场域能量有所链接而更接近他所信仰的能量特点，就更容易获得信仰能量场的支持，个体的场域能量就容易获得安全感，容易使自己坚强，而不容易恐惧。正如老一辈人信仰共产党后，会表现出不惧死亡、不怕牺牲一样，老一辈革命战士的实例，都很好地证明了这一点。

33. 以前你是什么样子不重要，重要的是现在的你是什么样子。

无论人以前是好还是不好，是成功的还是不成功，都不重要。因为那些都已成为过去，人如果想更好地发展自己，就请关注现在的你是否仍然在努力。美好的未来，只会在现在的努力中得以实现！

最后，需要强调的是，为他人着想的思想和正向积极善良的言行是获得他人支持和幸福生活的根源！

善的思想和行为，是对自己场域能量良好的滋养，会让自己的场域能量更容易获得其他个体场域能量的支持。所以，人需要时常觉察自己的思想内容而让自己保持善念。同时，人在生活中有时可能会出现恶念，这很正常，不要去排斥，否则注意力反而会固着在恶念上，这时只要让自己的思想再回到善念上，恶念也就自然会被排除。往往做了很多恶行的人也渴望得到幸福却很难获得幸福，曾经的恶念经历让人没能看到善念所带来的光明，仅仅会让人得到一时的痛快感受，只是这种痛快之后往往会带来更加痛苦的结果。正如一些人为追求一时的享乐而让自己遭受了更大的惩罚（例如一些犯罪行为的起因与后果）。所以，善念是对自己身心场域能量的最好滋养，而对于身心的场域能量而言，平静更容易让人感受幸福。

思考题：

1. 什么是父母元情绪理念？有哪些类型？
2. 父母元情绪理念对孩子情绪习惯的形成有哪些影响？
3. 父母与孩子沟通时需要关注的内容有哪些？
4. 哪些心理因素容易引发夫妻间的冲突？你怎样看待家庭中的争吵？
5. 你认为自己的父母关系好吗？他们的关系对你有影响吗？
6. 简述萨提亚所说的五种沟通姿态？它们表现了人什么样的心理状态？
7. 什么是自我情绪分析？有哪些具体方法可以分析自己的情绪状态？
8. 心理防御机制有哪些？
9. 不合理的信念都有哪些特点？
10. 如何运用 ABCDE 模型来调整自己的情绪？
11. 简述埃里克森人格成长八个阶段性任务？

12. 夫妻双方保持良好夫妻关系的要点有哪些？
13. 当孩子出现情绪问题时，家长要如何帮助孩子？
14. 生态系统论是谁提出的，主要内容有哪些？
15. 你如何理解自我人际场域？如何提高自己场域能量的稳定性？
16. 你如何理解管理情绪场域的心境平衡法则？心境平衡法则的内容是什么？